虎屋文庫

# 和菓子を愛した人たち

山川出版社

# 和菓子を愛した人たち

# まえがき

紫式部や織田信長など、歴史上の有名な人物にかかわる和菓子のエピソードをご紹介できたら面白いのでは？と考えて、東京赤坂の虎屋ギャラリーで展示を開催したのは平成二年（一九九〇）のことでした。新聞にも取り上げられ、好評だったことから、「歴史上の人物と和菓子」は、何回か展示のテーマとなりました。そして、ホームページで同タイトルの連載を始めたのが平成十二年です。毎月一回更新で、虎屋文庫スタッフ（現在は七名）が順番に執筆し、続けること十七年。掲載した人物は二百人近くになりました。この連載をもとに、百人の人物を選び、大幅に加筆修正して誕生したのが本書です。

登場人物とエピソードの選択はスタッフの好みにより様々。茶道を嗜む文庫長は茶人、日本史専門の中堅男性社員は戦国武将、文学好きの女性社員は作家といった具合です。気に入っている人物の日記や作品から、菓子の名前が出てくるところを丹念に調べてまとめることもあれば、すでに知られたエピソードを掘り下げて紹介することも。菓子を通して歴史上の人物の意外な一面に触れていただけたら、という思いで取り組み、皆で楽しみながら執筆しました。たとえば、気難しそうな森鷗外が、饅頭茶漬けを好んだと知るとびっくりしますが、娘のエッセイをあわせて読むと、実際においしそうに食べる文豪の表情が想像され、ほほえましく思えるのではないでしょうか。

人物だけでなく、登場する和菓子も多種多様です。羊羹やカステラなど、今も人気の品だけでなく、「矢口餅《やぐちもち》」「達磨隠《だるまかくし》」や「胡麻胴乱《ごまどうらん》」など、変わり種もあります。食べてしまえばなくなるものだけに、名前しか記されていない菓子の場合は、再現のために史料を探し、想像力も使って、自ら作ったり、工場の職人に工夫してもらったり……。幕末のロシア使節からの引出物の場合は、添え書きを参考に帝政ロシア貴族の菓子も調べました。撮影の際には、器を選んだり、配置や撮る角度を考えたり、できるだけおいしそうに見えるよう、心がけたつもりです。

菓子の写真や画像とともに、百人それぞれの人となりを想いながら、甘いエピソードの数々を楽しんでいただけたら幸いです。

虎屋文庫

# 和菓子を愛した人たち――目次

## 第2章　あの人の逸話

## 第3章　心が通う贈り物

## 第4章　徳川将軍をめぐる人々



## 第5章　江戸の楽しみ

## 第7章　我、菓子を愛す

コラム



カバー・扉　川崎巨泉「饅頭喰人形」
表　紙　『偲糖帖』より

# 和菓子を愛した人たち

# 凡例

本書は、平成十二年（二〇〇〇）十二月から虎屋ホームページに連載してきた「歴史上の人物と和菓子」や、虎屋文庫が開催した展示内容をもとに、大幅に加筆修正したものです。

連載は虎屋文庫の歴代のスタッフが交代で執筆してきましたが、本書は平成二十八年に虎屋文庫に在籍した丸山良、中山圭子、今村規子、森田環、相田文三、所加奈代、河上可央理が担当しました。

元スタッフ…青木直己、藤倉敦、目崎奈津子、浅田ひろみ、吉田まの

○本文中の「虎屋」は、特に断りのない限り、株式会社虎屋をさします（298頁）。「虎屋黒川家文書」は虎屋の近世の文書をいいます。

○菓子の写真の多くは、史料をもとに再現したものです。画像や製法が残っているものは少ないため、参考としてご覧ください。

○文中で紹介した菓銘のなかには、虎屋の「蓬が嶋」や「夜の梅」などのように登録商標もありますので、商業上の使用についてはご注意ください。

○本書に関する著作権は虎屋と山川出版社が有しており、無断に複製などを行うことを禁じます。

# 第1章

# 文学の名脇役

# 紫式部《むらさきしきぶ》と椿餅《つばきもち》

## ――蹴鞠《けまり》のあとの定番菓子

紫式部（生没年不詳）が誕生したのは、今から千年ほど前の平安時代中期。京都で雅《みや》びな王朝文化が花開いた頃にあたります。一条天皇の中宮彰子《ちゅうぐうしょうし》に仕えた紫式部は、学問に秀《ひい》でた女性で、その類《たぐい》まれなる才能は、五十四帖からなる大作『源氏物語』に余すところなく発揮されています。光源氏を中心としたこの恋愛小説は、登場人物の心理描写が素晴らしく、四季折々の自然の変化や、当時の貴族たちの優雅な生活が描かれていることも魅力でしょう。登場する菓子として、唐菓子《とうがし》の粉熟《ふずく》(1)（「宿木《やどりぎ》」）や、旧暦十月亥《い》の日に食べる亥《い》の子《こ》餅（「葵」）がありますが、ここでは「若菜《わかな》上」に見える椿餅をご紹介しましょう。

椿餅は、蹴鞠のあとの食事の場面に登場。「つぎ〳〵の殿上人《てんじょうびと》は、簀《す》の子《こ》に円座《わらふだ》めして、わざとなく、椿《つばい》もちひ・梨《なし》・柑子《こうじ》やうの物ども、さま〴〵に、箱《はこ》の蓋《ふた》どもに取りまぜつゝ、あるを、若《わか》き人々、そぼれ取《と》りくふ」と記されています。蹴鞠は、革製の鞠を蹴り上げる遊戯。軽くスポーツをして汗をかいたあと、一息ついて椿餅や、梨・柑橘類をおやつ感覚で味わっているのでしょうか。若者た

紫式部　谷文晁作
（東京国立博物館蔵）

ちの談笑が聞こえてくるようです。

椿餅は『源氏物語』の注釈書『河海抄《かかいしょう》』（十四世紀中頃成立）により、椿の葉で餅を挟んだものだったことがうかがえます。当時は砂糖が高価な輸入品で、甘味付けには甘葛《あまずら》（蔦《つた》の樹液を煮詰めたものと解釈される。40頁）が使われました。椿餅は蹴鞠に用意される定番の菓子で、同書に「鞠のところにて食する也」とあるほか、時代はくだって江戸時代初期の『蹴鞠之目録九拾九箇条』（一六三一）にも「鞠場へ可出物之事」として名前が見えます。なぜ椿餅？と思いたくなりますが、椿の木が古来、厄除《やくよ》けに使われたことなども関係があるのかもしれません。

椿餅

ちなみに現在、蹴鞠保存会などにより、蹴鞠は折々に催されていますが、椿餅を用意することはないそうです。しかし、和菓子店のなかには、二月頃の季節の生菓子として作るところもあり、その多くは餡を包んだ道明寺《どうみょうじ》生地を椿の葉で挟んだものです。ときには『源氏物語』を思い出しながら、平安時代の貴族気分で味わってみてはいかがでしょう。

（1）米・麦・豆などの粉を餅にし、茹でて竹筒に入れ、固めた菓子。

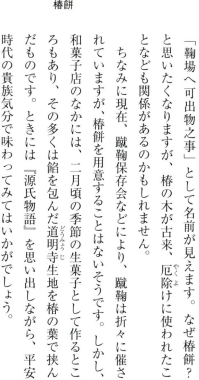

# 吉田兼好《よしだけんこう》と「かいもちひ」
## ——ご馳走の正体は？

吉田兼好（一二八三？～一三五二？）といえば、「つれづれなるままに、日暮し、硯にむかひて」の冒頭で知られる『徒然草《つれづれぐさ》』の作者です。鎌倉時代後期から南北朝時代に生きた人物で、宮中に仕えたのち、三十歳頃までには出家遁世し、京都の山科の小野荘《おののしょう》で、同書を書き始めました。

兼好の時代は食生活上の変化も大きく、中国に留学した禅僧が帰国後喫茶の風習を広め、饅頭や羹《あつもの》類などの点心《てんじん》を伝えています（76頁）。そうした点心の感想や解説も記されているのではと期待したくなりますが、残念ながら特に触れられていません。目を引く食べ物となると、「かいもちひ（かいもち）」でしょう。

たとえば、二一六段には、最明寺入道《さいみょうじにゅうどう》（北条《ほうじょう》）時頼《ときより》が鎌倉の鶴岡八幡宮《つるがおかはちまんぐう》に参拝したついでに足利《あしかが》左馬入道《さまのにゅうどう》（義氏《よしうじ》）のもとに立ち寄り、接待された折の献立が「一献《いっこん》にうちあはび（打鮑）、二献にえび（海老）、三献にかいもちひ」だった話があります。鮑、海老についで献立に挙がっているとは、なにやら高級そうな餅です。加えて二三六段では志太某《しだのなにがし》が、丹波《たんば》の出雲（京都府の出雲大社分院）に聖海上人《しょうかいしょうにん》らを

吉田兼好
（神奈川県立金沢文庫蔵）

誘う言葉に、「いざ給へ、出雲をがみ《（拝）》に。掻《かい》餅め《（召）》させん」（かいもちひをご馳走しましょう）とあります。東の鎌倉、西の京都でもてなしの食べ物だった「かいもちひ」とは、どのようなものだったのでしょうか？

よく知られる説は、おはぎ（牡丹餅）。

おはぎ

つまりうるち米やもち米などを半搗《つ》きにして、餡やきな粉をまぶしたもので、今も北陸ほか、おはぎを「かい餅」と呼ぶ地域があります。しかし、『徒然草』が書かれた頃、甘い小豆餡はまだ作られていなかったと考えられるため、現実味がありません。一方、辞典などには「かいねり（掻い練り）餅」（種々あり、例として米粉、小麦粉などを掻きこね、煮たもの）と同意という解釈が見られます。

餅の実体は不明ですが、「掻餅めさせん」は、田舎料理をご馳走する意の慣用句で、上人らを歓待しようという気持ちが感じられます。田舎料理は謙遜《けんそん》の表現でしょう。『徒然草』に見える「かいもちひ」に思いをめぐらしてみると、兼好の生きた時代が少し身近に感じられませんか？

# 井原西鶴《いはらさいかく》と日本一の饅頭

## ――お気に入りの名店、二口屋《ふたくちや》

天和二年（一六八二）に四十一歳で刊行した『好色一代男《こうしょくいちだいおとこ》』が反響を呼び、井原西鶴（一六四二〜九三）はまたたく間に人気作家となりました。『日本永代蔵《にっぽんえいたいぐら》』をはじめとする、世相を反映した作品のなかには羊羹・饅頭・金鍔《きんつば》などの菓子もしばしば描かれ、当時、庶民のあいだで菓子がどのように食べられていたのかをうかがわせます。

出世作『好色一代男』は、主人公世之介《よのすけ》の七歳から六十歳に至るまでの好色遍歴を、短編を連ねて一代記のかたちにまとめた作品。巻八「らく寝の車」に饅頭が登場しますが、これは庶民の饅頭とは一味違うものでした。

あるとき世之介は、京都の石清水八幡宮《いわしみずはちまんぐう》へ厄払いにいこうと思い立ちました。混雑する日中を避けて、寒月の夜、牛車《ぎっしゃ》で出発した一行を、島原《しまばら》の太夫《たゆう》たちが見送りにきます。近くの家に置炬燵《おきごたつ》を仕掛け、名酒・ご馳走を並べた心づくしの接待に感激した世之介が、御礼にと用意したのが金銀の箔をあしらった「日本一の饅頭」だったのです。一つ五匁《もんめ》（重さであれば約十九g）にしたこの饅頭を

井原西鶴（国立国会図書館蔵）

九百個、その夜のうちに作り上げたのが二口屋能登《のと》でした。

二口屋は京都室町今出川角に店を構え、長く御所の御用を勤めた実在の上菓子屋《じょうがしや》（白砂糖を使った上等な菓子を作る店）です。元禄五年（一六九二）刊行の『万買物調方記《よろずかいものちょうほうき》』をはじめとする買物案内や評判記などで、菓子屋の筆頭に名前が挙げられているところから、名店であったと考えられます。突然の九百個もの注文をこなせるというのは、大店《おおだな》なればこそ、という設定だったのでしょう。「日本一」と称したのも、単に金箔銀箔を使った豪華さだけではなく、味も一流であるという意味なのは間違いなさそうです。二口屋の名は同書だけでなく、『諸艶大鑑《しょえんおおかがみ》（好色二代男）』や『物種集《ものだねしゅう》』など、西鶴のほかの作品にも登場しますから、ひょっとすると贔屓《ひいき》にしていた店だったのかもしれませんね。

なお、二口屋は江戸時代後期になって経営が悪化し、ともに長らく御所御用を勤めていた虎屋が経営権を継承しました。その関係で、虎屋には二口屋の菓子見本帳などの古文書が保存されています。

日本一の饅頭

# 松尾芭蕉《まつおばしょう》と「ところてん」

## ――涼菓の美しさに思わず一句

松尾芭蕉と曾良
（天理大学附属天理図書館蔵）

俳諧紀行文の名作『奥の細道』(1)（一七〇二）で知られる俳人、松尾芭蕉（一六四四〜九四）。各地の情景に心情を託した句で有名ですが、食べ物の句も少なくありません。瓜や豆腐のほか、菓子を詠んだものに「粽《ちまき》結ふかた手にはさむ額髪《ひたいがみ》」「両の手に桃とさくらや草の餅」「青《あお》ざしや草餅の穂に出《いで》つらん」などがあり、晩年には、つぎのような一句を残しています。

清滝《きよたき》の水汲よせてところてん　（『笈日記《おいにっき》』）
野明亭《やめいてい》

亡くなる年、元禄七年（一六九四）の初夏に詠まれたものです。当時芭蕉は、高弟の向井去来《むかいきょらい》の別宅である京都・嵯峨野《さがの》の落柿舎《らくししゃ》に滞在し、近隣の寺院や名跡を訪ね歩いていました。「野明亭」とは、落柿舎と同じ嵯峨野にあった、門人の野明《やめい》こと坂井作太夫の家をさします。この庵《いおり》を訪れた芭蕉に、嵯峨野の奥、栂尾《とがのお》や高尾《たかお》に沿って流れる渓流・清滝川の美しい水でよく冷やした、手作りのところてんが供されたのでしょう。「水汲よせて」は、単に川の水を汲んで冷やしたということにとどまらず、天突きで押し出したところてんの透明感や曲線的な美しさを、まるで美しい川の流れをそのまま盛りつけたようだと讃えたものと解釈してもいいのではないでしょうか。

ところてんは海藻の一種、天草《てんぐさ》を煮出した汁を固めたものです。天草は古くは「こるもは（凝海藻）」「こころぶと（心太）」と呼ばれており、天草から作るところてんも、初めは「こころぶと」の名で呼ばれていました。それがやがて、「こころてい」「ところてん」へと転訛《てんか》していったのだとか。現在でもところてんを漢字で「心太」と書くのは、こうした歴史があるためです。

ところてん

さて、芭蕉に話を戻すと、同じ席での作に「すゞしさを絵にうつしけり嵯峨の竹」とありますから、野明亭は竹藪の中のいかにも俳人好みの閑雅《かんが》な庵であったと想像されます。江戸時代、庶民の夏の味として広く親しまれていたところてんは、目新しいものではなかったでしょうが、竹林をわたる初夏の風を感じながら食べると、また格別の趣があったことでしょう。

（1）芭蕉が書き残した紀行文をもとに死後に刊行された。

# 二代目市川団十郎《いちかわだんじゅうろう》と「ういろう」

## ——小田原銘菓は薬屋から⁉

二代目 市川団十郎

拙者親方と申すは、お立ち合いの中に御存じの方もござりましょうが、お江戸を立って二十里上方《かみがた》、相州小田原一色町《いっしきまち》、欄干橋虎屋《らんかんばしとらや》藤《とう》右《え》衛門《もん》……。

これは、歌舞伎十八番[1]「外郎売《ういろううり》」の口上の出だしで、外郎とは、中国伝来の薬のことです。「礼《れい》部員外郎《ぶいんがいろう》」（祭祀などをつかさどる役所の定員外の職員）だった陳延祐《ちんえんゆう》が渡来し、「外郎《ういろう》」を家名としたのち、二代目の大年宗奇《たいねんそうき》が京都で室町幕府に仕え、医術に携わるなか製造したのが始まりといわれます。子孫は小田原（神奈川県）に移住し、のちに薬の外郎は東海道名物として広く知られるようになりました（株式会社ういろうとして盛業中）。この薬の主な効能は健胃整腸と痰《たん》切りで、芝居では、行商人がその効能を示すため、立て板に水の流れるごとく早口で口上を述べるくだりが見所です。

享保三年（一七一八）、この演目を初演したのが二代目市川団十郎（一六八八〜一七五八）です。「助《すけ》六《ろく》」「矢《や》の根《ね》」などの人気演目を創生した江戸歌舞伎の重要人物ですが、痰と咳の持病に苦しんでいたといわれます。外郎を服用したところ、薬効から再び舞台に立つことができた団十郎は喜び、小田原の外郎家を訪問して、この薬の行商人が登場する芝居を作って、御礼としたいと申し出ました。同家では、芝居のような行商はしていなかったので固辞しましたが、江戸から訪ねてきた団十郎の誠意と熱意に感じ入り、上演を承諾したとの逸話が残っています。

一方で、菓子にも「ういろう」（外郎、外良とも）があります。米粉などに砂糖を混ぜた蒸菓子で、やわらかな食感と優しい味わいが特徴といえるでしょう。山口県や愛知県ほか各所の名物になっていますが、こちらも先の外郎家の二代目が国賓の接待用に作った、黒砂糖と米粉を使った滋養のある菓子がその始めといわれます。当時、砂糖は輸入に頼る貴重な品で、薬の原料として黒砂糖を仕入れていたとのこと。のちに「外郎家の菓子」であることからその名で呼ばれるようになったそうです。(2) 外郎家では、小田原に移ってからも来客へのもてなしに供していたといいますから、団十郎も名代《なだい》の「ういろう」を賞味したのかもしれません。

ういろう（株式会社ういろう）

（1）歌舞伎役者の宗家、市川家が得意とした十八の演目。七代目団十郎が選定した。

（2）『和漢三才図会』（一七一二自序）では、黒砂糖を使った色合いが薬の外郎に似ていることが名の由来としている。しかし薬の外郎は銀箔付の丸薬であり、当時、黒色だったとする史料は見当たらない。

# 近松門左衛門《ちかまつもんざえもん》と姥《うば》が餅《もち》

## ――「乳母《うば》」と「姥」の掛詞《かけことば》

お正月の遊びとして親しまれている双六《すごろく》。江戸時代には東海道の宿や名所を配した道中双六がたくさん作られました。マス目には菓子が描かれることも多く、当時の名物を知ることができます。

人形浄瑠璃（現在の文楽）や歌舞伎の作者として知られる近松門左衛門（一六五三〜一七二四）の名作「恋女房染分手綱《こいにょうぼうそめわけたづな》」（一七五一初演）にも、この道中双六が重要な小道具として登場します。

場面は、大名家の乳母である重《しげ》の井《い》と、生き別れとなった息子の三吉《さんきち》の再会と別れを描いた、通称「重の井子別《こわか》れ」の段。東国への輿入《こしい》れを嫌がる丹波国《たんばのくに》（京都府・兵庫県の一部）の調姫《しらべひめ》に対し、同行する馬子《まご》（馬をひいて人や荷物を運ぶ職業）の三吉が機嫌直しにと持ち出したのが、京都を出発し東海道を旅して江戸に着くという道中双六でした。双六で遊んだ姫は、その面白さから、東国に興味をもち、旅立ちの準備にかかります。一方、重の井は、三吉を生き別れの息子と気づきますが、姫と卑しい身分の三吉が乳兄弟であることは婚礼のさわりになるため、母だと名乗りたい気持ちをこらえ、別れていくのでした。

姥が餅

三吉が双六の遊び方を説明するくだりは、宿場の名前や街道の名物などが織り込まれた、リズムのいい七五調の詞章《ししょう》なので、一部をご紹介しましょう。

さらばこちから打出《うちで》の浜《はま》。大津へ三里こゝで矢橋《やばし》の船賃が出舟召せ召せ旅人の乗り遅れじと、どさ草津《くさつ》。お姫様より先づ乳母が餅 ひと口ふた口水口《みなくち》どぢやう《泥鰌》をどり《踊り》越え[1]、坂へ越すのも賽《さい》次第

この「乳母が餅」は、乳母の重の井と、東海道名物「姥が餅」を掛けた言葉です。歌川広重《うたがわひろしげ》の「東海道五拾三次　草津」をはじめ、多くの錦絵に描かれた姥が餅は草津宿（滋賀県）の名物。餅を餡でくるんだ菓子といわれ、その名前は、戦国大名の六角義賢《ろっかくよしかた》が滅ぼされた際、遺児を託された乳母が、餅を売ってその子を育てたという逸話に由来します。言葉を吟味した美文で知られる近松のこと、この詞章を書くにあたっても、東海道にどのような名物があるのかを丹念に調べ、推敲を重ねながら文章を作ったと想像されますが、「うば」の名の付く菓子を見つけてほくそ笑んだことでしょう。

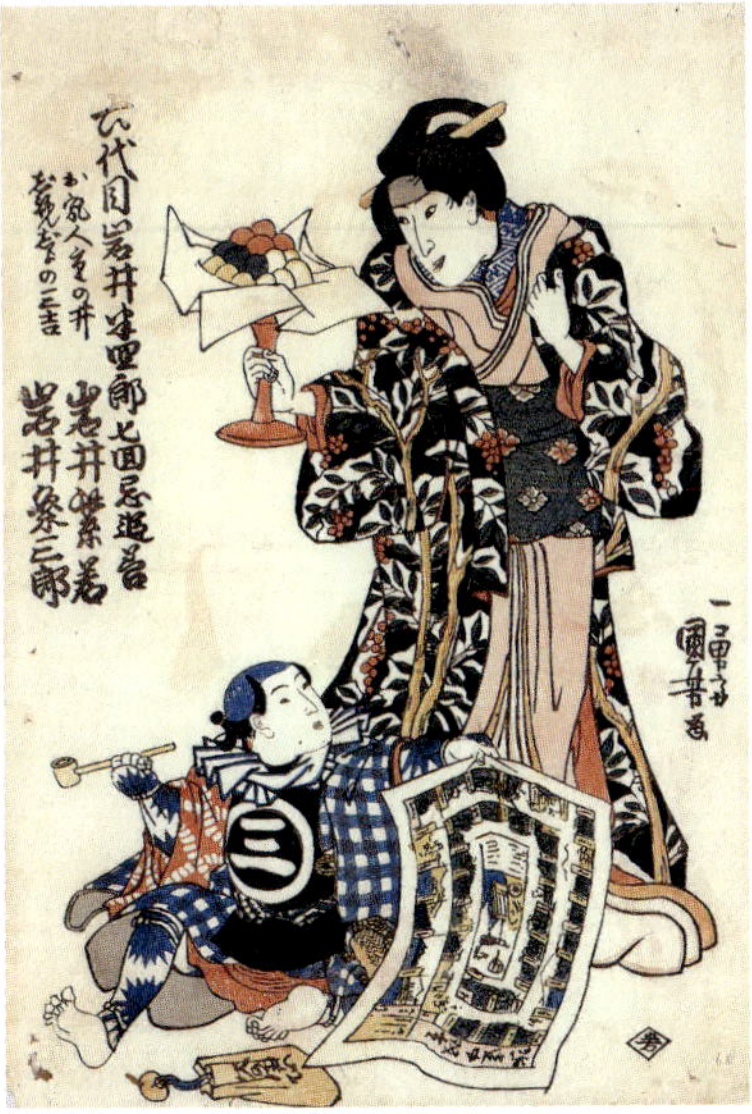

重の井と、道中双六を手にした三吉

（1）東海道の五十番目の宿場、水口宿（滋賀県）は泥鰌汁が名物だった。

# 鳥居清長《とりいきよなが》と松風《まつかぜ》

## ——美人画の名手に選ばれたヒロイン

江戸・本材木町に生まれた鳥居清長（一七五二〜一八一五）は、鳥居清満《きよみつ》に師事し、初めは清満風の役者絵を描いていました。やがて美人画を手がけるようになり、天明年間（一七八一〜八九）には、のちに「清長風」と呼ばれる八頭身の独自の様式を確立。その描線の美しさには定評があります。

清長は、美人画で一世を風靡《ふうび》する以前、黄表紙《きびょうし》の画工としても腕をふるっていました。『名代《めいだい》干《ひ》菓子山殿《がしやまどの》』（一七七八）も、その一つです。作者の名前は記されておらず、清長が物語も手がけたのかもしれません。登場人物はすべて擬人化された菓子で、主人公は小落雁《こらくがん》。主人である干菓子山殿秘蔵の茶碗を悪党の金平糖に盗み出され、恋人とともに茶碗奪回の旅に出る……という波瀾万丈の物語です。干菓子山殿は東山殿（室町幕府八代将軍足利義政《あしかがよしまさ》）にひっかけたもの、かす寺（カステラ）の住職が羊羹和尚、という具合に全編シャレのかたまり。歌舞伎のパロディも随所に見られ、当時の人々はニヤリとしながら楽しんだことでしょう。

松風

小落雁の恋人は「松風」。生地の表面に芥子《けし》や胡麻《ごま》を振って焼いた菓子で、裏には何もないところから、松風ばかりでうら寂しい（浦の松の梢《こずえ》を吹く風の音だけが聞こえて心寂しい気持ちがする）という含意で付けられた名前といわれます。なかなか高尚な感じもしますが、江戸時代の料理の名前にも使われており、よく知られた名称だったようです。現在でも京都の味噌松風を筆頭に、全国に「松風」の名の付く菓子は多く、カステラ風・煎餅風・薄焼きなど、バリエーションも豊富に作られています。

左手前がヒロイン松風　『名代干菓子山殿』（国立国会図書館蔵）より

物語に登場する菓子は三十種以上。ヒロインに松風を選んだのは、名前の響きの良さもさることながら、清長お気に入りの菓子だったのでは、などと思うと、江戸時代の名代《なだい》の浮世絵師に急に親しみがわいてくるようです。

なお、『名代干菓子山殿』は、国立国会図書館デジタルコレクションで公開されています。江戸時代の崩し字を読むのは難しいかもしれませんが、絵を見るだけでも楽しいので、興味のある方は清長描く松風の美しさをご覧ください。

# 十返舎一九《じっぺんしゃいっく》と名物菓子
## ——笑える失敗談は読者サービス

江戸時代には、身分を問わず多くの人が伊勢神宮（三重県）や金刀比羅宮《ことひらぐう》（香川県）へ参詣に出かけ、街道には名物菓子が生まれました。

弥次郎兵衛《やじろべえ》と喜多八《きたはち》（弥次《やじ》さん喜多《きた》さん）が江戸から京都に向かって東海道を旅する十返舎一九（一七六九～一八三七）の代表作『東海道中膝栗毛《とうかいどうちゅうひざくりげ》』（一八〇二～九）にも、ういろう（24頁）・安倍川餅（166頁）・柏餅・鶉焼《うずらやき》（鶉を思わせる焼き目を付けた、餡入りの餅菓子）といった様々な菓子が登場します。当時の読者はその味を想像し、旅気分を味わったことでしょう。

また、数々の失敗談や滑稽なエピソードも魅力の一つ。吉原《よしわら》（静岡県）を過ぎたあたりで、道端で菓子を商っていた小僧をからかい、でたらめの九九で代金をごまかそうとして、かえって高い買い物になったり、舞坂《まいさか》（静岡県）の手前の茶店でおいしそうな牡丹餅だと思って口に入れたら木で作った模型だったりと、まさに珍道中です。さらに、四日市《よっかいち》（三重県）の追分《おいわけ》の茶店で名物の饅頭を食べた弥次さんが、江戸・日本橋の饅頭の名店、鳥飼和泉《とりかいいずみ》の近所に住み、毎日五十～六十個ほ

鶉焼

どの饅頭をお茶請けに食べていたと自慢したことから、居合わせた金毘羅《こんぴら》（金刀比羅宮）参りの旅人と饅頭の大食い競争に発展。ところが旅人と見えたのは詐欺師で、饅頭は食べると見せかけてみな袂《たもと》へ……。そうとは知らない弥次さんはまんまと騙《だま》され、金毘羅様への初穂料《はつほりょう》三百文を取られた上、饅頭の代金二三三文も残らず支払うことになったのでした。

四日市名物の饅頭店

こんな愉快な物語を書いた作者の一九は、さぞユーモアのある人物と思われるでしょうが、実は几帳面でまじめだったとか。駿河国《するがのくに》（静岡県）に生まれ、大坂で武家奉公をした経歴があり、寛政六年（一七九四）、江戸に出て、版元蔦屋重三郎《つたやじゅうざぶろう》に寄食。多くの黄表紙を書き、挿絵も手がけた器用人でもあったようです。『膝栗毛』は当初、売れ行きを危ぶんだ蔦屋に出版を断られ、別の版元から出版したものでした。それが大ベストセラーになるとは、一九自身も予想しなかったことでしょう。一九は取材のため各地を訪れたといわれ、弥次さん喜多さんの失敗談には実体験も反映されているのかもしれませんね。

# 宮沢賢治《みやざわけんじ》と団子

## ——鹿も踊りだす、素朴なおいしさ

宮沢賢治（一八九六〜一九三三）と聞いて思い浮かぶのは、『雨ニモマケズ』『風の又三郎』『銀河鉄道の夜』など、独特の世界観をもつ詩や童話の数々でしょう。子どもたちに優しく語りかける童話の世界の小道具として、甘い菓子は欠かせません。賢治の作品に登場する菓子は、飴・金平糖・パイ・ワッフルなど和洋様々。

なかでも、身近な餅や団子はたびたび登場します。たとえば、「鹿踊《ししおど》りのはじまり」（一九二四）では、足を痛めた農夫の嘉十《かじゅう》が、湯治に行く途中、草原で栃《とち》と粟《あわ》でできた団子を食べます。嘉十は、食べ残した団子をもったいないと思い、「鹿《しか》さ呉《け》でやべか（鹿にやろうか）」と置いていくことに。そのそばに豆絞りの手ぬぐいを忘れたと気づいて戻ってみると、そこには六頭の鹿がいました。様子をうかがう嘉十に、鹿たちの声が聞こえてきます。彼らは団子を食べたいのですが、初めて見る手ぬぐいが怖《こわ》くて近づけません。「毒蕈《ぶすきのこ》」だ、「大きな蝸牛《なめくづら》の旱《ひ》からびだの」だ、と様々に推量しながら少しずつ近づき、ついに団子を食べることができた鹿は喜び勇んで歌い、踊ります。踊りの面白さに

宮沢賢治（国立国会図書館蔵）

我を忘れた嘉十が草むらから飛びだすと、鹿はいっせいに逃げてしまい、嘉十は苦笑いし、鹿に踏まれてぼろぼろになった手ぬぐいを持ち帰ったのでした。

題名の「鹿踊り」は、岩手県や宮城県などに伝わる伝統芸能です。鹿のかぶりものをし、鹿の動きを表現するように体を大きく前後にゆらして、太鼓を叩《たた》きながらリズミカルに踊るもの。賢治の物語は、人間が垣間見た鹿たちの喜びのダンスがこの踊りの起原であるとして創作されたもので、童話ならではの楽しさがあります。(1) ひとかけらの団子で鹿の歌や踊りを見られるとはうらやましく思えますが、「小さな畑を開いて、粟や稗をつくつて」いる嘉十のような寒冷地の農民にとっては、素朴な団子も大切な食べ物です。それを鹿に残していく心の優しさが、夢のような光景を見せたのではないでしょうか。作品からは厳しい自然の中でつつましく暮らす東北の農民に心を寄せ、ともに生きようとした賢治の温かなまなざしが感じられます。

栃と粟の団子

（1）鹿踊りの由来については、狩った鹿への鎮魂など諸説ある。

# 谷崎潤一郎《たにざきじゅんいちろう》と羊羹

## ——陰翳《いんえい》の美なるもの

羊羹。その名を聞けば、多くの人が小豆色の棹菓子を思い浮かべるでしょう。どっしりとした姿と色艶は、まさに和菓子の代表といえます。その羊羹について、夏目漱石は、小説『草枕《くさまくら》』（一九〇六）で、「あの肌合《はだあい》が滑らかに、緻密《ちみつ》に、しかも半透明に光線を受ける具合は、どう見ても一個の美術品だ。ことに青味を帯びた煉上《ねりあ》げ方は、玉《ぎょく》と蠟石《ろうせき》の雑種の様で、甚だ見て心持ちがいい」と書いています。文豪と称され、かつ菓子好きだった漱石（200頁）ならではの、みごとな文章です。

漱石に匹敵する、羊羹礼賛の文章を書いたのが、谷崎潤一郎（一八八六～一九六五）。昭和八年（一九三三）に発表した『陰翳礼讃《いんえいらいさん》』で、『草枕』を引き合いにして次のように記しています。

> かつて漱石先生は「草枕」の中で羊羹《ようかん》の色を讃美しておられたことがあったが、そう云えばあの色などはやはり瞑想的ではないか。玉《ぎょく》のように半透明に曇った肌が、奥の方まで日の光りを吸い取って夢みる如きほの明るさを啣《ふく》んでいる感じ、あの色あいの深さ、複雑さは、西洋の菓子には絶対に見られない。クリームなどはあれに比べると何と云う浅はかさ、単純さであろう。

谷崎潤一郎
（芦屋市谷崎潤一郎記念館蔵）

だがその羊羹の色あいも、あれを塗り物の菓子器に入れて、肌の色が辛うじて見分けられる暗がりへ沈めると、ひとしお瞑想的になる。人はあの冷たく滑らかなものを口中にふくむ時、あたかも室内の暗黒が一箇の甘い塊になって舌の先で融けるのを感じ、ほんとうはそう旨くない羊羹でも、味に異様な深みが添わるように思う。

羊羹

この一節は、その後の作家たちに強い印象を与えたようです。吉行淳之介《よしゆきじゅんのすけ》は同書の解説で「これは見事な発想と表現で、言われてみれば私もその感じを想像することができる」といっています。また、向田邦子《むこうだくにこ》は和菓子の素晴らしさを語るなかで『陰翳礼讃』について触れ、「日本家屋の客間や茶の間の、ほの暗い、薄明かりの中で、その闇と光の陰翳《いんえい》が一切れのようかんに収斂《しゅうれん》していくというくだりは、すばらしい」と絶賛しています。

日差しを遮る広い庇《ひさし》や雨戸、障子を備えた伝統的な家屋が少なくなった現在、谷崎が語るような情景の再現は簡単ではないでしょう。しかし、部屋の明かりを落とし、漆《うるし》の器に羊羹をおいて味わえば、彼の美意識が何となく感じられるかもしれません。

# 三島由紀夫《みしまゆきお》と菊形の干菓子

## ——「淋しい優雅」の味

三島由紀夫（日本近代文学館蔵）

「昭和四十五年十一月二十五日　完」。三島由紀夫（一九二五〜七〇）は、『豊饒《ほうじょう》の海《うみ》』最終回の原稿にこう記したのち、東京・市ヶ谷の自衛隊駐屯地に向かい、割腹自殺を遂げました。遺作『豊饒の海』は、日露戦争後から昭和四十年代頃までを舞台に、四人の主人公が輪廻転生していくさまを描いた大河小説です[1]。その一巻目『春の雪』（一九六九）は、明治時代末期の華族社会を背景に、新興の伯爵、松枝《まつがえ》家の一子清顕《きよあき》と、その幼馴染《おさななじみ》で旧家綾倉《あやくら》家の一人娘聡子《さとこ》との悲恋物語が描かれています。

食に無頓着で、味音痴を自認していた三島ですが、この作品では菓子を効果的に使っています。たとえば、洞院宮《とういんのみや》の皇子との縁談がもちあがり、大理石の階段のある洋館に住む宮を訪れた綾倉親子に供されたのは、「薄い一口サンドウィッチや洋菓子やビスケット」でした。御所風の秋草の衝《つい》立《たて》などがある古風な屋敷で暮らす聡子との育った世界の違いをきわだたせます。

また、皇子と聡子の婚姻に天皇の勅許《ちょっきょ》がおりた、すなわち、聡子がけっして自分のものにならないと清顕が知る重要な場面でのこと。綾倉家で巻物に、聡子と交互に百人一首を書いたり、王朝時代そのままの双六盤《すごろくばん》で遊んだ幼い日を回想するなかに、菊形の干菓子が登場します。

双六盤で勝っていただいた、皇后御下賜の打物《うちもの》の菓子の、あの小さい歯でかじるそばから紅い色を増して融ける菊の花びら、それから白菊の冷たくみえる彫刻的な稜角が、舌の触れるところから甘い泥濘《でいねい》のようになって崩れる味わい、……あの暗い部屋々々、京都から持って来た御所風の秋草の衝立《ついたて》、あのしめやかな夜、聡子の黒い髪のかげの小さな欠伸《あくび》、……すべてに漂う淋しい優雅をありありと思い起こした。

脆《もろ》くはかない干菓子は、時を止めたままの綾倉家にただよう「淋しい優雅」の象徴として描かれています。三島特有の華麗で細緻な文体の真骨頂ともいえる美しい描写ではないでしょうか。

菊形の干菓子

さらに、物語の終盤、二人が日本橋三越の近くの「閑散な汁粉屋の一隅」で許されざる密会をする場面では、会話がはずまず空虚な時間が過ぎていくさまを、手つかずのまま卓上におかれている汁粉で表現しています。「小さな漆の蓋の外れに、熱い餡《あん》が紫がかって、春泥《しゅんでい》のようにはみ出しているのが徐々に乾いた」。

好きな作家の作品を、菓子に注目しながら読み直してみると、新たな発見があることでしょう。

（1）『春の雪』『奔馬』『暁の寺』『天人五衰』の四部作。

コラム

## 飛鳥〜平安時代の菓子

### 菓子の意味は木の実や果物(1)

今でも果物を「水菓子《みずがし》」というように、本来、菓子とは木の実や果物をさしました。砂糖がなく、甘い食べ物も少なかった時代は干柿や栗も貴重な甘味であり、現在私たちのいう「菓子」に近いものと感じていたと思われます。そのためか、木の実・果物と「菓子」の区別が曖昧な時代は長く続きました。一方、素材の面から見ると、日本の菓子の原形は米や粟《あわ》、稗《ひえ》などの穀物を加工した餅や団子と考えられるでしょう。

飛鳥〜奈良時代の史料では、藤原京《ふじわらきょう》跡や平城《へいじょう》京《きょう》跡より発掘された木簡《もっかん》に「柿子」「梨子」や「糯米」ほか、「阿津支煮」(小豆煮)などの言葉が見られます。また、『正倉院文書《しょうそういんもんじょ》』には、「小豆餅」「大豆餅」が記されています。

### 唐菓子《とうがし》の登場

木の実・果物、餅類と同様の副食品といえるのが、七〜九世紀に遣唐使らがもたらした唐菓子です。平安時代中期の漢和辞典『和名類聚抄《わみょうるいじゅしょう》』には「八種唐菓子」として、梅枝《ばいし》・桃枝《とうし》・黏臍《てんせい》・餲餬《かっこ》・桂心《けいしん》・饆饠《ひちら》・鎚子《ついし》・団喜《だんき》(歓喜団《かんきだん》)の名があり、このほか結果《かくなわ》・糫餅《まがり》・餢飳《ぶと》(伏兎)・餛飩《こんとん》・餺飥《ほうとう》・索餅《さくべい》(麦縄《むぎなわ》)・粉熟《ふずく》・餅餤《へいだん》・捻頭《ねんとう》(麦形《むぎかた》)なども見えます。多くは米粉や小麦粉の生地を様々な形に作り、油で揚げたもので、甘味には甘葛《あまずら》(蔦《つた》の樹液を煮詰めたもの)が使われていました(40頁)。唐菓子の登場によって、「菓子」は木の実や果物に限らず、生地を加工して、形作るものも意味するようになったといえるでしょう。

唐菓子は、平安時代末期の成立とされる『類《るい》聚雑要抄《じゅざつようしょう》』に宮中の饗宴用の食物として見えます。また『枕草子《まくらのそうし》』（80頁）や『土佐《とさ》（左）日記《にっき》』（160頁）などの文学作品にも散見しますが、日本人の食生活には定着しませんでした。しかし一部は奈良の春日大社《かすがたいしゃ》や京都の下鴨神社《しもがもじんじゃ》ほかで神饌《しんせん》として、あるいは歓喜天《かんぎてん》をまつる寺院などでお供えとして受けつがれています。

唐菓子

平安時代といえば遠い昔のことですが、三月三日の上巳《じょうし》の節句に母《はは》子《こ》餅（草餅。82頁）、五月五日の端午《たんご》の節句に粽《ちまき》（84頁）など、今日の行事

平安時代の古典文学に見える菓子
粉熟・椿餅・母子餅・亥子餅

菓子に通じるものがすでに作られており、親しみを感じさせます。子どもの成長を願って戴餅《いただき》や五十日《いか》の餅、婚礼を祝って三日夜《みかよ》の餅を用意するなど、餅が人生儀礼に重視されている点も、興味深いものです。

## 古代の甘味料　甘葛《あまずら》

甘葛（甘葛煎《あまずらせん》）は、古代から中世にかけて作られた甘味料です。冬季に糖度がもっとも上がるという蔦《つた》の樹液を集め、煮詰めて作りますが、手間がかかる上、わずかな量しかできないため、貴族など限られた人々しか口にする機会がなかったようです。『枕草子』の「あてなるもの」（上品なもの）には、削った氷の上に甘葛をかけたものが登場しますが、高級品だったといえるでしょう。

しかし、室町時代には甘葛は消滅、原材料も製法もわからなくなってしまいます。蔦が原材料であることを明らかにしたのは江戸時代後期の学者畔田伴存《くろだともあり》で、製法も再現されました。

古代の甘味料として、飴（餳・糖）もあり、『正倉院文書』に見える原材料の記述から、穀物の澱粉《でんぷん》に麦芽などを加えて作る水飴のようなものだったと考えられます。なお、蜂蜜については、『日本書紀』に、皇極二年（六四三）、百済《くだら》の太子余豊《よほう》が大和三輪山（奈良県）で養蜂した記事がありますが、日本では甘味料としては広まりませんでした。

（1）『日本書紀』の記述などから、垂仁《すいにん》天皇の命により、田道間守《たじまもり》が常世《とこよ》の国に渡り、不老不死の仙果「非時香菓《ときじくのかくのみ》」を持ち帰った伝説が知られる。この仙果は橘《たちばな》の実とされ、現在の菓子の起源であるともいわれる。

# 第2章

# あの人の逸話

# 源頼朝《みなもとのよりとも》と矢口餅《やぐちもち》
## ――伝統の儀式は三色の餅で

鎌倉幕府初代将軍、源頼朝（一一四七～九九）は、征夷大将軍《せいいたいしょうぐん》となった翌年（一一九三）五月の富士の巻狩《まきがり》で、嫡子の頼家《よりいえ》（十二歳）が鹿を射止めると、以降の狩を中断し、夜になって矢口の神事（箭《や》祭《まつり》とも）を行いました。これは武家の男子が狩猟で初めて獲物をとったことを祝う儀式で、当人はもちろん、父の頼朝にとっても、後継者のお披露目《ひろめ》というべき一大事でした。

『吾妻鏡《あづまかがみ》』によると、この儀式のために、長さ八寸（約二十四cm）・幅三寸（約九cm）・厚さ一寸（約三cm）の餅（矢口餅）が、黒・赤・白の各色三枚ずつ合計九枚にして三組用意されました。御家人のなかでも特に弓術に秀《ひい》でた者が選ばれ、頼朝と頼家の前で、これを順番に食べていきます。

餅を食べる際は、三色一枚ずつ重ねて、まず山神に供えてから、別の餅を同じようにして三口食べ、微かな声を発します。餅はかなりの大きさなので、「食べる」といっても口を付けるだけだったのかもしれません。そして、始める際に餅の配置を変えるなど、参加する御家人によって少しずつ作法の違いがありました。

源頼朝（東京大学史料編纂所蔵）

その場で見ていた頼朝は興味を覚え、三人目の曾我《そが》祐信《すけのぶ》のときに、彼の作法について尋ねたようです。ところが祐信は、どういう訳かそれに答えることなく黙々と儀式を続けました。『吾妻鏡』には「頗無念之由被仰《すこぶるむねんのよしおおせらる》」とあり、頼朝は非常に不満だったことがわかりますが、それでもきちんと祐信にほうびを与えています。わが子の晴れ舞台に水をささないよう自制したのかもしれません。(1)

矢口餅

なお、頼朝は頼家が鹿を射止めたことがよほど嬉しかったのか、その日のうちに使いを走らせ、鎌倉にいた妻、政子《まさこ》（頼家の生母）にも知らせています。ところが、当の政子からは、〝武家の嫡子が狩で鹿や鳥を得たことは、使者をもって知らせるような特別なことではないでしょう〞と一蹴されたとか。平家追討に功をあげた弟、義経《よしつね》・範頼《のりより》を死に追いやるなど、頼朝には肉親に対しても非情で冷徹なイメージがつきまといますが、わが子のこととなると事情は違ったようですね。

（1）ちなみに、同年九月には、頼朝の義理の弟、北条義時の嫡子（のちの泰時）のために同じ儀式が行われた。『吾妻鏡』には頼朝が御家人により先祖伝来の作法があることにおおいに感じ入ったとあり、このときは満足のいくまで説明を受けたのだろう。

## 道元《どうげん》と饅頭
### ——寺院では汁を添えて

中国から饅頭をもたらした人物として、聖一国師《しょういちこくし》（円爾《えんに》）や林浄因《りんじょういん》の名が知られます（77頁）。しかし、聖一国師が饅頭を伝えた年とされる仁治二年（一二四一）には、すでに日本の僧院において饅頭が食べられていたことが、日本曹洞宗《そうとうしゅう》の開祖、道元（一二〇〇～五三）の著述によって明らかになっています。まずは道元がどのような人物だったか、簡単にご紹介しましょう。

道元は内大臣源通親《みなもとのみちちか》を父にもつ貴族の出身で、出家して禅宗を学び、貞応二年（一二二三）には中国の宋《そう》に渡ります。各地の高僧を訪ねて見聞を広め、大悟《だいご》（悟りの境地に至ること）を得て、四年後に帰国。福井県の永平寺《えいへいじ》の開山として名を残しています。

道元の教えでは、「只管打坐《しかんたざ》」（ひたすら打ち座る）という言葉で示されるように、座禅が大事でした。加えて、就寝から起床、洗顔や食事を含む日常のすべては修行の一環とされ、細かな規律がありました。著作の『典座教訓《てんぞきょうくん》』は、典座（台所役）の意義などを語り、食事の調製について触れたもの、また『正法眼蔵《しょうぼうげんぞう》』は、二十三年間にわたる道元の説示を集めたもので、曹洞宗の根本聖典とされます。

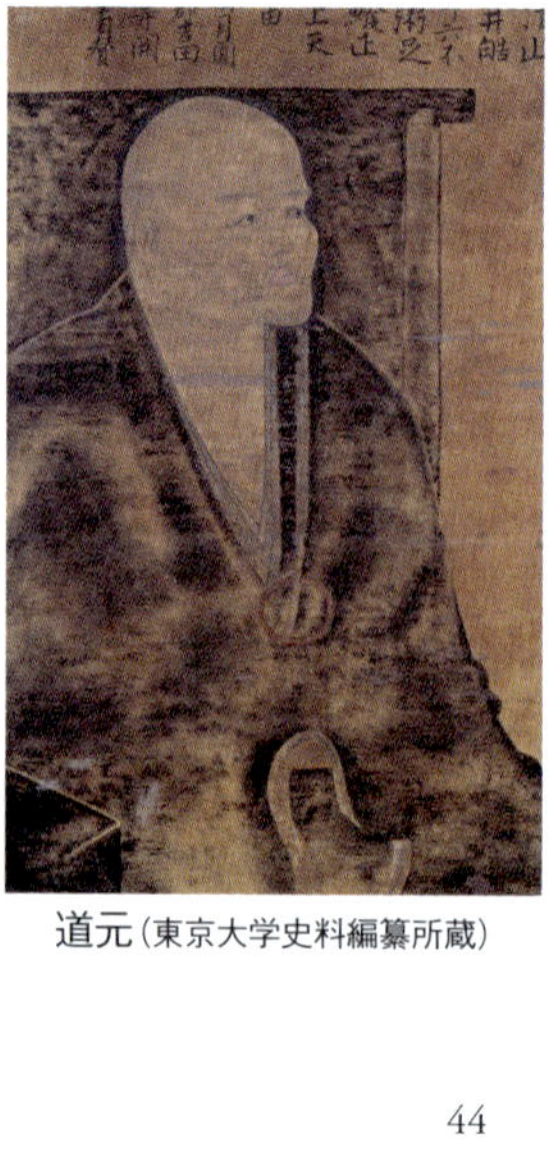
道元（東京大学史料編纂所蔵）

さて、饅頭が出てくるのは、『正法眼蔵』に収載の、仁治二年に説かれた「看経《かんきん》」（経典を黙読すること）の巻です。天皇の誕生日の一ヶ月前から看経を行う僧に出される点心《てんじん》（76頁）として麺や羹（汁物）、饅頭が見えます。饅頭の場合、六、七個を椀に盛り、羹と一緒に出し、箸を添えるとのこと。

饅頭と羹

ここでいう饅頭には、今日見るような甘い小豆餡は入っていないと考えられますので、パンとスープにも似た軽食だったのかもしれません。

また、「示庫院文《しこいんぶん》」では、宋の寺院の例を引いて、信者から饅頭が届けられたときには、もう一度蒸して僧たちに供するとあります。理由は清めるためで、蒸さないものは僧には供さないとあり、日本でも同じようにすることを求めています。清浄が第一ということですが、蒸しなおした方がおいしいからでは？と推測したくなりますね。厳しい修行にあって、饅頭の温かみでほっと心が和むときもあったのではないかと思われます。

# 明智《あけち》光秀《みつひで》と粽《ちまき》
## ——食べ方で語られる武将の器《うつわ》

主君、織田信長を本能寺の変で倒した明智光秀（?～一五八二）。出自は不詳ですが、朝倉義景《あさくらよしかげ》や室町幕府の十五代将軍足利義昭《あしかがよしあき》に仕えたのち、信長の家臣となり、功績から丹波国《たんばのくに》（京都府・兵庫県の一部）の支配を任されるなど、出世街道を歩んだことが知られます。しかし、最終的には反逆の徒になってしまうのですから、人生とはわからないもの。理由として、信長への恨み、天下取りの野望などが伝えられますが、真相は謎に包まれています。

ここでは、光秀と粽にかかわるエピソードを江戸時代前期に書かれた『閑際筆記』からご紹介しましょう。天正十年（一五八二）六月二日の本能寺の変後、京都の人々が粽を献上したときのこと。光秀はなんと、「菰葉《コヤウ》」（菰《まこも》の葉）をとらずに口に入れてしまったそうです。京都の人々はその姿を見て、この程度の人物かと、光秀の器を見限ったとか。詳細は不明ですが、周辺を平定後、上洛した九日頃のことでしょうか。信長を倒したものの、娘を嫁がせた細川忠興《ほそかわただおき》ほか、頼りにしていた武将らが味方になってくれず、苛立ちを隠せなかったのかもしれません。粽の葉をとって、ゆっくり味わう

明智光秀（東京大学史料編纂所蔵）

余裕はとてもなかったのでしょう。

粽の歴史は古く、すでに平安時代から宮中の端午《たんご》の儀式に使われています。飾り用と食用があり、『和名類聚抄《わみょうるいじゅしょう》』（九三五以前）によれば、食用には菰の葉を用いて米を包み、灰汁《あく》で煮たものが作られたようです。菰ほか茅《ちがや》や笹の葉なども使われましたが、砂糖は貴重品でもあったため、生地は甘くはなかったと考えられます。光秀が生きた戦国時代もまだ砂糖は高価でしたので、もち米などを葉でくるみ、蒸した程度の簡素なものだったことでしょう。

粽を葉ごと食べたことについては、和歌や連歌を好み、茶人津田宗久《つだそうきゅう》との交流もあった光秀にはふさわしくないという見方もあり、茶人らしく口元を隠したから、葉ごと食べたようにいわれたのではないかという説も。逸話は後世に、光秀批判を込めて語られたものかもしれません。

粽

光秀は、十三日に羽柴秀吉《はしばひでよし》との戦いに敗れ、逃走の途中で農民の襲撃にあい、自刃して生涯を終えたといわれます。わずか十余日の天下で、「三日天下」と呼ばれるのは、よく知られるところ。無念だったと想像できますが、その上、粽の食べ方ごときで揶揄《やゆ》されたと知ったなら、草葉の陰で悔しがることでしょう。

# 荒木村重《あらきむらしげ》と饅頭

## ――信長を驚かせた豪胆《ごうたん》さ

荒木村重（一五三五〜八六）といえば、千利休の高弟「利休七哲《りきゅうしちてつ》」に数えられる茶人として名を残した一方、主君の織田信長に対して謎の謀反を起こしたことでも知られます。

もともとは摂津国《せっつのくに》（大阪府・兵庫県の一部）の小豪族から成り上がり、信長のもとで活躍した人物ですが、野心も才覚もある村重のこと、戦国の世に生まれた武将として、主君を打倒して自ら天下取りを狙《ねら》ったのかもしれません。しかし、居城有岡《ありおか》城を囲まれて一年ほど抵抗したのち、わずかな部下と名物茶器を携えて脱出、置き去りにされた妻子ら一族郎党は信長の命で皆殺しにされたといいます。自身は生き延びて、信長の死後は茶人として豊臣秀吉に仕えました。

妻子や部下を見捨てても名物茶器を手放さなかった村重。現代の私たちからすると、身勝手でとんでもない人物ですが、江戸時代の人々は別の面から評価していたようです。

左頁は江戸時代後期の読本《よみほん》『絵本太閤記《えほんたいこうき》』を題材にした錦絵で、村重を取り上げたもの。上段の詞書《ことばがき》には初めて信長に目通りした際の逸話が語られます。

饅頭

村重が信長の面前に出て、自分に摂津国の攻略をまかせてくれれば命をかけて成しとげると言上すると、信長は笑みを浮かべ、刀を抜いて高杯《たかつき》に載っていた饅頭を三つ五つ刺し貫き、「我《わが》寸志《すんし》なり、食《しょく》すべし」と村重の目の前に差しだした。座の一同が色を失うなか、村重が少しも恐れず、「ありがたし」とにじりよって大きな口を開《あ》け、刺し貫かれた饅頭を食べようとすると、信長は「汝《なんじ》が大胆《だいたん》、我《われ》をさへ驚《おどろか》せり」と感心し、村重の望みにまかせた。

「太平記英勇傳　荒儀摂津守村重」(吉田コレクション)

にわかには信じられませんが、人気を集めた錦絵に、信長の威圧に動じず、受けて立った逸話が取り上げられていることは、江戸の庶民が彼を好意的に見ていたことをうかがわせます。詞書の続きには、のちに信長に背《そむ》くことも語られますが、特に問題視されていません。むしろそのアウトロー的な生き方は、豪胆さとあいまって、かえって魅力的に映ったのでしょう。髭面で饅頭を頬張る村重の顔を見ていると、なんとなくわかる気がしてきませんか。

ちなみに、明治時代に描かれた左の錦絵では、同じ逸話にもかかわらず、主役は信長に交代し、村重自身は姿もありません。時代がかわり、彼の魅力は理解されなくなったのでしょうか。少し残念な気もします。

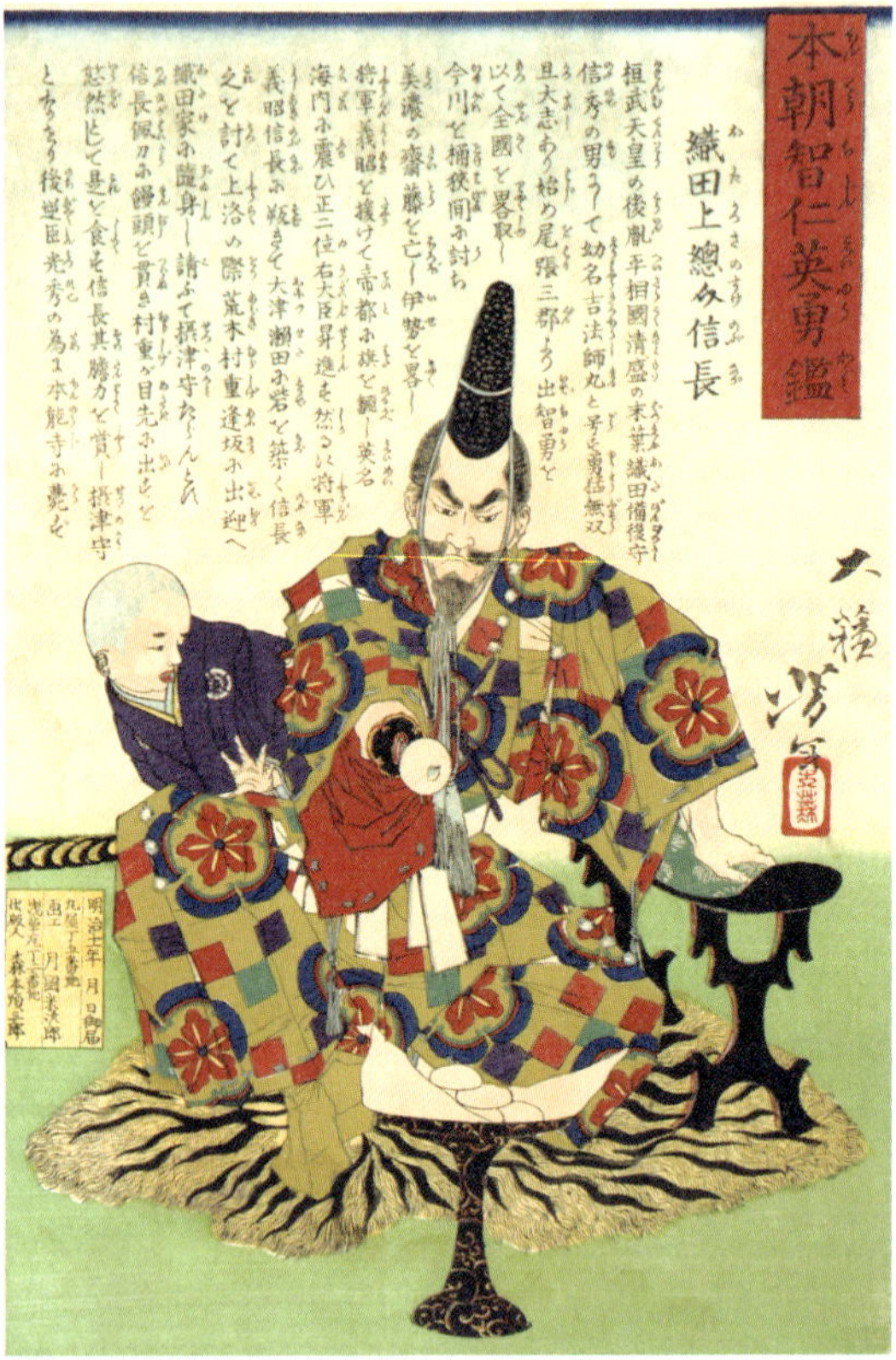


「本朝智仁英勇鑑　織田上総介信長」

コラム

# 砂糖と日本人

砂糖は、奈良に唐招提寺《とうしょうだいじ》を開いた唐僧鑑真《がんじん》（六八八〜七六三）が日本にもたらしたといわれますが、これは天平十五年（七四三）の将来品目録に、石蜜《せきみつ》や蔗糖《しょとう》、甘蔗《かんしょ》八十束が記されていたことに拠《よ》ります。石蜜は氷砂糖に近いもの、蔗糖は砂《さ》糖黍《とうきび》から作られた精製度の低い砂糖で、黒砂糖に近いものでしょう。しかし、鑑真はこの年渡海に失敗しており、加えて渡来に成功した天平勝宝五年（七五三）の目録に蔗糖はありませんでした。鑑真説の確証は得られませんが、天平勝宝八年、正倉院宝物の「奉盧舎那仏種々薬帳《るしゃなぶつへたてまつるしゅじゅやくちょう》」（「種々薬帳」）に蔗糖が麝香《じゃこう》や犀角《さいかく》など六十の薬の名とともに記されていることから、この頃には日本で高価な薬として使用されていたと考えられます。

砂糖にかかわる史料が目立ってくるのは室町時代でしょう。日明《にちみん》貿易（勘合《かんごう》貿易）などによりもたらされ、幕府や公家の贈答に用いられたほか、一部は菓子にも使われたことがわかります。江戸時代になると、長崎を窓口にしたオランダや中国との貿易を通じ、砂糖の流通量が増加し、料理や菓子への使用も増えていきます。八代将軍徳川吉宗の治世には国内での砂糖黍栽培が奨励され、後に讃岐《さぬき》（香川県）や阿波《あわ》（徳島県）をはじめとする各地で白砂糖が製造されるようになります。琉球《りゅうきゅう》（沖縄県）や奄美《あまみ》（鹿児島県）での黒糖の生産量が増えたことも重なって、菓子文化は飛躍的に発展したといえるでしょう。

# 伊達《だて》政宗《まさむね》と煎餅
## ――独眼竜、京都で探す

「独眼竜」と呼ばれた伊達政宗（一五六七～一六三六）は、十六世紀末の東北地方に一大勢力を築いた戦国武将です。武勇や政略に優れるだけでなく、千利休に茶の湯の指南を受けたほか、詩歌や書の素養もあり、能も嗜《たしな》んだといいます。また、洒落者《しゃれもの》で人目を引く派手な振舞いを好んだことから、「伊達」という言葉は伊達家の家風に由来するとの説もあります。

天正十八年（一五九〇）、全国統一に王手をかけた豊臣秀吉が関東・奥州（東北地方）へ進出してくると、現在の福島県から山形県、宮城県にわたる広大な領土を支配していた政宗も、苦悩の末に服属します。しかし秀吉が京都へ帰ると、奥州各地で激しい一揆が勃発し、翌年にかけて騒乱状態となりました。

政宗は自身の指導役であった浅野長政《あさのながまさ》とともにその鎮圧にあたりますが、あろうことか一揆を裏で操っているとの疑いをかけられてしまいます。長政の勧めに従い、弁明のため京都へ上った政宗は、秀吉に面会し、どうにか疑いをはらすことができました。

伊達政宗（東京大学史料編纂所蔵）

京都滞在中の天正十九年二月二十五日、奥州に残っていた長政に送った書状のなかで政宗は、お陰で状況が良くなっていると礼を述べたあと、「さて〳〵約束申候せんべい者《は》、はや参候や、御き《気》にあい申候や、御ゆかしく候、〳〵」と書き添えています。長政から、京都の煎餅を手配するよう依頼されたのでしょうか。〝約束の煎餅はもう届いたでしょうか、気に入ってくれたのか、気になってしかたがないです〟との内容は、竜と称された強面《こわもて》の政宗とは異なる印象です。

当時の煎餅については、『日葡辞書《にっぽじしょ》』（一六〇三）に「Xenbei《せんべい》　米を材料にして作った一種のパンケーキで聖体パン[1]に似たもの」との記述があります。また、時代がくだった貞享元年（一六八四）刊の京都の地誌『雍州府志《ようしゅうふし》』には、京都六条の名物として煎餅が挙げられ、へぎ餅（餅を薄く切って乾燥させたもの）の類だったと記されています。焼くときにあちこちふくれあがって鬼の顔のようになることから、鬼煎餅とも呼ばれたそうです。一口に煎餅といってもいろいろあったはず。はるか奥州の地で待つ長政のため、政宗が送った「約束の煎餅」とはどのようなものだったのか、気になるところです。

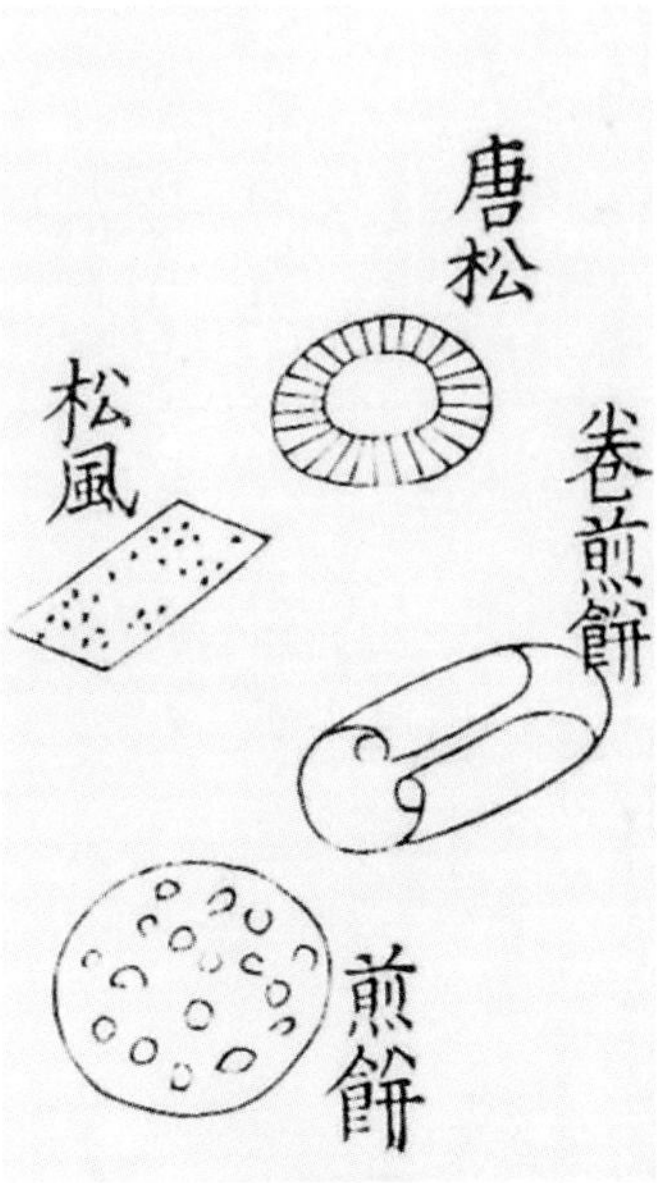

煎餅いろいろ
『和漢三才図会』（国立国会図書館蔵）より

（1）　キリストの肉体を象徴するとされる儀式用のパン。

# 豊臣秀吉《とよとみひでよし》とのし柿

## ——幼い息子の行く末を案じる

一介の百姓から天下人へと上り詰めた豊臣秀吉（一五三六〜九八）は、庶民の人気が高く、特に関西では現在も「太閤《たいこう》さん」と呼ばれて親しまれています。そのため、天正十五年（一五八七）の北野《きたの》大茶湯《おおちゃのゆ》で献上されたという「真盛豆《しんせいまめ》」や「長五郎《ちょうごろう》餅」、弟秀長《ひでなが》のいる大和郡山《やまとこおりやま》城（奈良県）の茶会で出され気に入ったと伝わる「鶯餅」など、秀吉にまつわる伝承をもつ名物菓子も多くあります。

逸話の多い秀吉が実際に口にした菓子を知ることができる史料の一つが、御成《おなり》の献立です。御成とは貴人が配下の大名などの屋敷を訪ねてもてなしを受ける儀礼で、天下人となった秀吉は、権力を誇示する意味もあって、たびたび諸大名の屋敷へ御成を行っています。贅《ぜい》を尽くした料理が用意され、その献立には饅頭や羊羹、豆飴《まめあめ》などの菓子も見えます。羊羹は小麦粉や葛を使った蒸羊羹、また、豆飴はきな粉を水飴で固めて作る菓子（「洲浜《すはま》」とも）のことでしょう。このほか、栗・胡桃《くるみ》・柿・蜜柑《みかん》といった木の実や果物に加え、椎茸や昆布（いずれも煮しめか）も「菓子」として記されています。現在の目で見ると華やかさに欠ける印象もありますが、当時としては最高級のもてなしの菓子です。

豊臣秀吉（東京大学史料編纂所蔵）

当の秀吉の目にはどう映ったのでしょうか。万事派手好きで、新しもの好きの一面をもっていたことからすれば、ポルトガル・スペインよりもたらされた南蛮菓子が含まれていたら、いっそう喜んだかもしれません(1)。

もう一つ、菓子にまつわる興味深いエピソードをご紹介しましょう。死の前年の慶長二年(一五九七)十二月、伏見城(京都府)の奥座敷で朝鮮から戻った中国地方の大名、毛利輝元《もうりてるもと》を慰労したときのこと。秀吉はわずか五歳の嫡子秀頼《ひでより》を同席させ、のし柿(干柿をのしたものか)と饅頭を輝元に与えました。特にのし柿については、秀頼からもらったと輝元は手紙に記し、このねんごろな扱いに感激しています。普段は他人を入れない奥座敷に輝元を招き、わざわざ秀頼を呼び寄せて一緒に過ごし、手ずからのし柿を渡させた手法は、「人たらし」と呼ばれた秀吉の真骨頂といえますが、そこには、あとに残される幼いわが子と有力大名の絆を深めようとする親心も感じられます。

豆飴と羊羹

(1) 天正九年に織田信長が徳川家康を饗応した際には、南蛮菓子の有平糖が出されている(「御献立集」慶應義塾図書館蔵)。

# 吉良義央《きらよしひさ》とカステラ

## ――「忠臣蔵」では出番なし

元禄十五年（一七〇二）十二月十四日。大石内蔵助《おおいしくらのすけ》率いる四十七人の赤穂浪士《あこうろうし》が吉良義央（上野介《こうずけのすけ》、一六四一～一七〇二）邸に押し入り、主君浅野長矩《あさのながのり》（内匠頭《たくみのかみ》）の仇を討ちました。この仇討ちは「忠臣蔵」として、人形浄瑠璃、歌舞伎をはじめ戯曲化され、今日でも映画、ドラマの題材とされます。

事件の発端は前年、江戸城内松の廊下で浅野が吉良を斬りつけ、その後切腹したことにあります。吉良は幕府の儀礼全般に携わる高家《こうけ》の一人で、毎年将軍の使者として上洛し、返礼に来た勅使の接待にもかかわりました。若き浅野は、接待をめぐって嫌がらせにあったともいい、これにより吉良は悪役のイメージが定着していますが、一方で領地だった三河国《みかわのくに》（愛知県）幡豆郡《はずぐん》吉良地方では、統治に優れた名君として尊敬を集めてもいます。

吉良義央像（華蔵寺蔵）

さて、ご縁あってか、虎屋には吉良にかかわる御用記録が残っています。元禄十年正月二十八日、吉良が年頭の使者として京都に上ったときのこと。伏見宮邦永《ふしみのみやくになが》親王が、箱詰めの菓子五種、すなわち「かすていら」「けんぴ」「さたうかや《（砂糖榧）》」「落雁」「こほ《（ぼ）》れ梅」を贈っているのです。いったいどんな菓子だったのでしょうか。

順に見ていくと、「かすていら」は南蛮菓子《なんばんがし》の一つ、カステラのこと。当時は高級品扱いで、料理書『合類日用料理抄《ごうるいにちようりょうりしょう》』（一六八九）から、白砂糖・卵・小麦粉をこね合わせ、焼いたことがわかります。しかし、今日見るような泡立て器やオーブンもない時代ですので、現在のものより、ふくらみは少なく、味も異なっていたことでしょう。また、「けんぴ」は、ケンピ・犬皮・見肥とも書く焼菓子、「さたうかや」は榧《かや》の実の砂糖がけ、「落雁」は木型を使って打ち出す干菓子、「こほれ梅」は梅形の小さな干菓子と思われます。「落雁」は菓銘が記されていないことから、丸や角形のシンプルなものでしょう。

こぼれ梅とカステラ

虎屋の史料に吉良が登場するのは一度のみで、これらの菓子を滞在中賞味したのか、日保ちがするため、江戸に持ち帰ったのかは不明です。状況はわかりませんが、「忠臣蔵」のドラマで、吉良上野介がいただき物のカステラを笑顔で頬張る場面があったら楽しいですね。

# 尾形光琳《おがたこうりん》と色木《いろこ》の実《み》・友千鳥《ともちどり》

## ——天才画家が選んだ菓子は?

国宝「紅白梅図屏風《こうはくばいずびょうぶ》」「燕子花図屏風《かきつばたずびょうぶ》」などで著名な尾形光琳（一六五八〜一七一六）は、華やかな元禄時代を代表する画家です。京都の呉服商、雁金屋《かりがねや》に生まれ育つという恵まれた環境により、幼いときから、独自の美意識と造形感覚を磨いてきたのでしょう。その作域は絵画にとどまらず、弟乾山《けんざん》との共作による陶器の絵付けや、着物意匠の考案など、多岐にわたっています。在世中から、光琳の意匠は、『光琳ひいなかた』『当世美女ひなかた』など、ファッションブックともいえる雛形本に取り上げられて人気を集め、様々なデザインに生かされてきました。和菓子作りにおいても、その洗練された美しさは手本になっています。特に菊・梅・松などの植物は和菓子に応用しやすく、今も「光琳菊」「光琳梅」「光琳松」ほかの菓子が見られます。

歴史の浪漫を感じるのは、光琳が、後援者であった銀座役人、中村内蔵助《なかむらくらのすけ》に菓子を贈った記録が虎屋に残っていること。「諸方御用留帳《しょかたごようとめちょう》」によれば、宝永七年（一七一〇）五月二十一日、人参糖《にんじんとう》・友千鳥・千鳥・色木の実・花海棠《はなかいどう》・出野玉川《いでのたまがわ》・氷雪焼・千代見草《ちよみぐさ》・松風・源氏榧《げんじかや》という菓子の注文

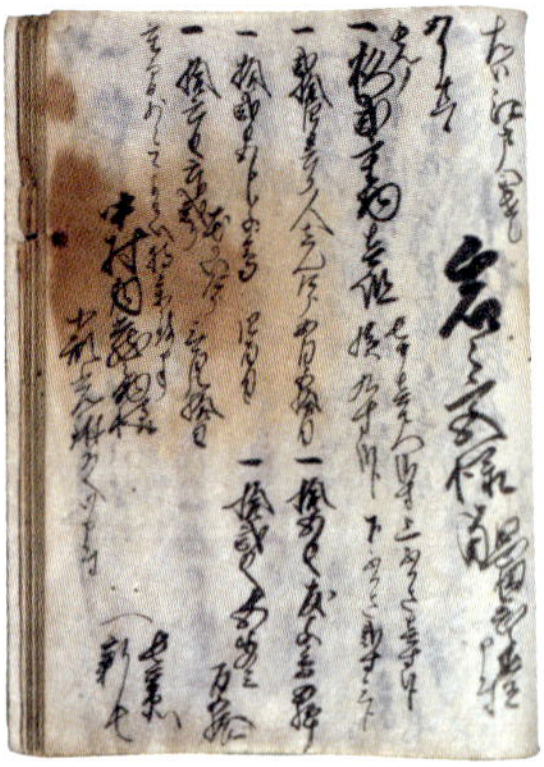

「諸方御用留帳」
（虎屋黒川家文書）

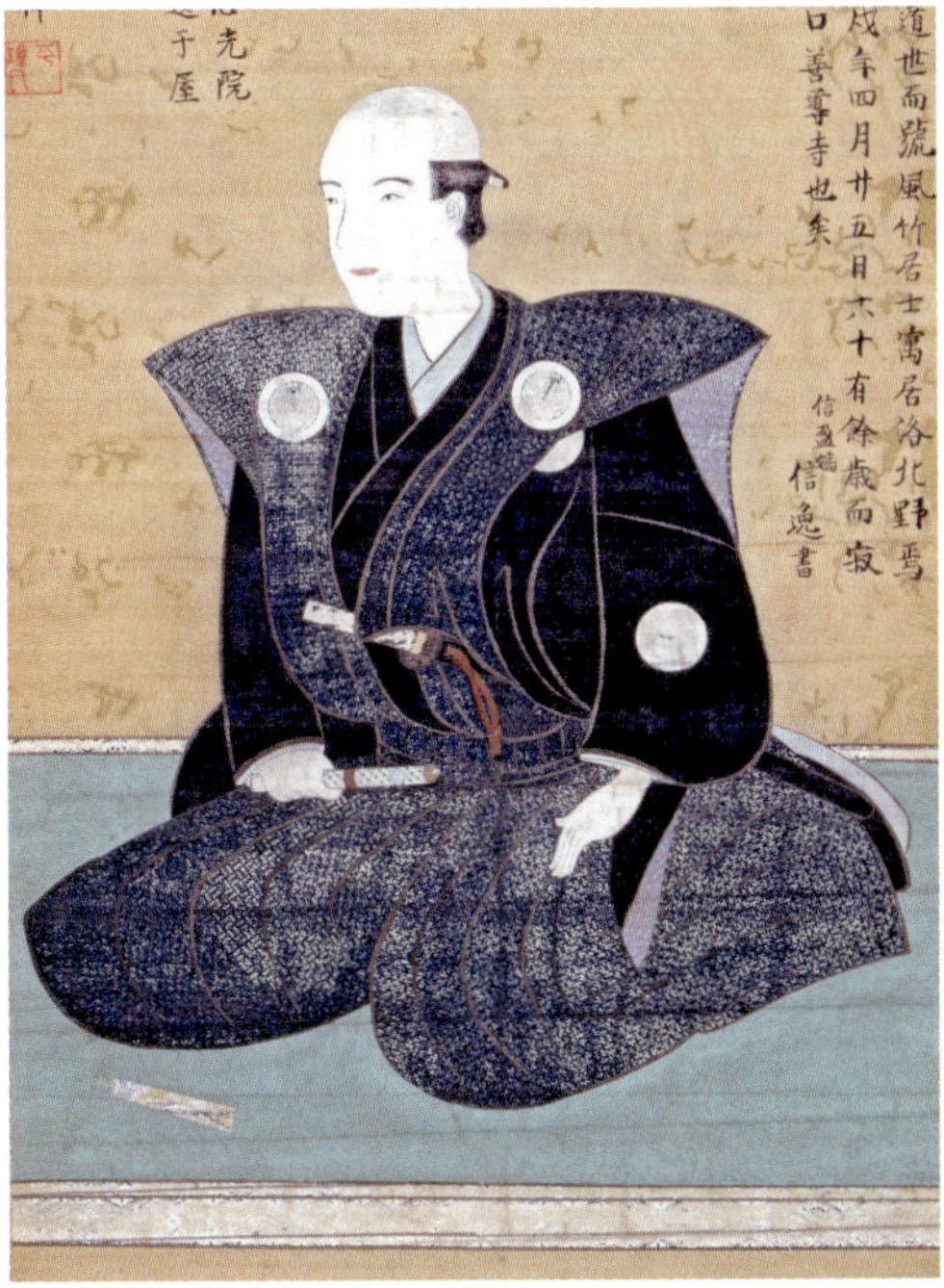

中村内蔵助　尾形光琳作（大和文華館蔵）

友千鳥と色木の実

を受け、虎屋が届け先にて二重の杉の重箱二組に詰めたことがわかります。用途は不明ですが、茶会などで振る舞われたのでしょうか。

　このうち、「色木の実」と「友千鳥」は宝永四年（一七〇七）の「御菓子之畫圖《おかしのえず》」から当時の色や形、材料を知ることができます。[1]「色木の実」は色づく木の実と葉をかたどっており、一五〇個も注文されました。また、棹物の「友千鳥」は、小豆の粒を群れ飛ぶ千鳥に見立てたもので、五棹用意しています。このほか、後年の見本帳から、人参糖・花海棠・出野玉川・千代見草は有平糖（260頁）、松風は味噌入りの焼菓子、源氏榧は榧の実の砂糖がけと考えられます。

　光琳と虎屋のあいだでどのようなやりとりがあって、贈り物の菓子が選ばれたのか、気になります。光琳が好みの菓子について、店主に語る場面もあったのでしょうか。タイムスリップして、こっそり聞いてみたい気持ちにかられます。

（1）「色木の実」には、うるち米の粉・小豆の粉・白砂糖・くちなし、「友千鳥」には、小豆の粉・氷砂糖・小豆が使われていることがわかる。

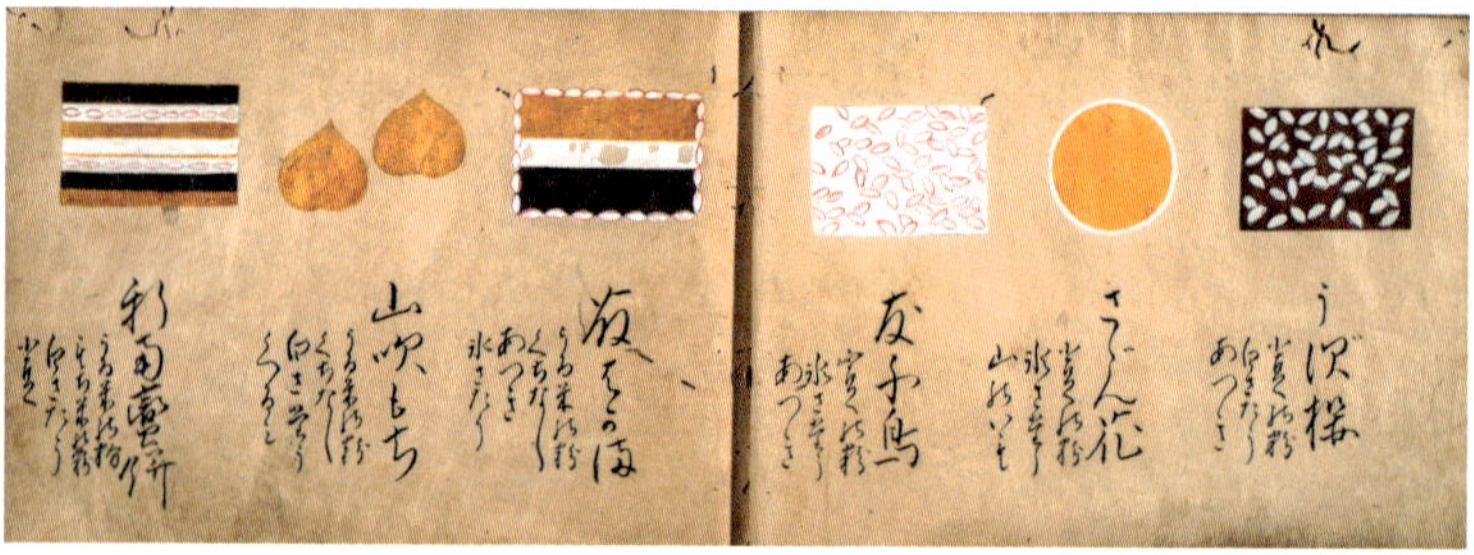

注文を受ける際などに使用する菓子見本帳。「友千鳥」が見える「御菓子之畫圖」(1707)

花海棠

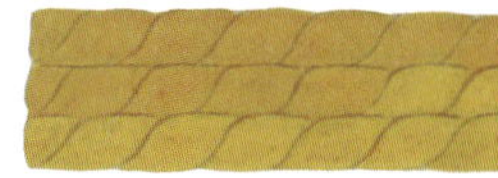

人参糖

千代見草

出野玉川
（井出の玉川）

源氏榧

松風

色木の実

尾形光琳が虎屋に注文した菓子
「花海棠」は「御干菓子見本帖」（1935）、「色木の実」は「御菓子之畫圖」（1707）、そのほかは「御干菓子之畫圖御賄方」（江戸時代）より　左右頁とも史料は虎屋黒川家文書

# 坂本龍馬《さかもとりょうま》とカステラ・金平糖《こんぺいとう》

## ——角《つの》とあばた面《づら》

風雲急を告げる幕末の動乱期、倒幕運動に身を投じた坂本龍馬（一八三五〜六七）。対立していた薩摩藩と長州藩を仲介し、薩長同盟を成立させたことは特に有名でしょう。日本の夜明けを目前にして暗殺されましたが、波乱の生涯は小説やドラマとなり、今なお人気の人物です。

龍馬と結びつけられる菓子といえば、カステラでしょうか。慶応二年（一八六六）、新婚旅行でお龍《りょう》と霧島山（鹿児島県）に登ったとき、持参したことが知られます（ちなみに、これが日本の新婚旅行の始まりとか）。ちょうど霧島つつじが満開の頃で、景色の美しさも加わり、その味は、二人にとって忘れられないものになったことでしょう。翌年、龍馬は長崎で海援隊《かいえんたい》を結成しますが、海援隊が残した雑記帳「雄魂姓名録《ゆうこんせいめいろく》」にカステラの製法があるのですから、意外です。カステラ作りで資金を捻出《ねんしゅつ》しようとしたともいわれますが、理由は不明です。

また、龍馬には、金平糖に関連したエピソードもあります。故郷土佐の八歳年下の姪春猪《はるい》に宛てた慶応二年（1）一月二十日の書状で、金平糖の鋳型のような肌を、おしろいで塗りつぶしているだろう

坂本龍馬
（高知県立坂本龍馬記念館蔵）

とからかっているのです。おしろいは龍馬が贈った外国製のものなのですが、若い女性の肌をでこぼこしたものにたとえるなんて、ちょっと失礼ですね。春猪とはそんな冗談も言いあえる、親しい間柄だったのでしょう。ちなみに慶応元年九月九日の書状（春猪宛と考えられる）にも「こんぺいとふ《金平糖》のいがた《鋳型》が、おしろいにてふさがり候」と書いていますので、よっぽどお気に入りの表現だったのかもしれません。

金平糖

とはいえ、金平糖の角は鋳型で作るものではないので、龍馬は作り方を誤解していたようです。江戸時代、金平糖は芥子《けし》の実などを芯にして、(2)鍋で回転させながら少しずつ糖蜜《とうみつ》をかけて角を成長させ、時間をかけて作っていました。角を大きくして作る製法は、今も変わりませんが、時間のかけ方や鍋の違いなどにより、昔の方がぼこぼことしいびつな形で、あばた面を思わせたのでしょう。龍馬が本当の製法を知ったら、鋳型でないことに驚き、家族に面白おかしく手紙で報告したのではと思います。

（1）かつては慶応三年に書いたものと解釈されていた。
（2）今はグラニュー糖や、もち米を加工したいら粉を芯にする。

# 高杉晋作《たかすぎしんさく》と越乃雪《こしのゆき》
## ――末期の雪見は北国の銘菓で

幕末に活躍した志士として、坂本龍馬にまさるとも劣らない人気を誇る高杉晋作（一八三九～六七）。萩《はぎ》（山口県）に生まれた長州藩士で、農民など庶民が参加した軍隊、奇兵隊《きへいたい》を創設したことで知られます。破天荒な行動が目立ち、脱藩を繰り返した一方で、戦場に携帯用の三味線を持っていくなど、洒脱《しゃだつ》な一面も見せています。こちらも龍馬同様、明治の世を目にすることなく、慶応三年（一八六七）四月十四日に肺結核のため、二十九歳でこの世を去りました。

慶応二年六月から始まった第二次長州戦争で活躍した晋作は、七月頃から体調を崩し、十月には職を辞して下関《しものせき》で静養に努めます。しかし、翌年に入る頃にはかなり悪化し、本人も回復の見込みがないことを感じていたようです。奇兵隊の一員として晋作の薫陶《くんとう》を受けた三浦梧楼《みうらごろう》は、臨終の十日程前に晋作を見舞った際のことを以下のように回想しています。

其中フト傍《かたわら》を見ると、小さい松の盆栽があつて、其の上に何か白いものを一パイ振りかけてあるから、これは何んですかと聞くと、イヤ俺はもう今年の雪見は出来ないから、此の間硯海堂

高杉晋作（港区立港郷土資料館蔵）

が見舞いに呉《く》れた「越の雪」を松にふりかけて、雪見の名残をやって居る所さと微笑された。

（「天下第一人」『日本及び日本人』六七七号、一九一六年四月）

「越の雪」といえば、もち米の粉と和三盆糖で作る押物《おしもの》、長岡《ながおか》（新潟県）の「越乃雪」のことでしょう。口どけの良い菓子で、少し力を加えれば崩れるので、粉状にして松にかけ、雪に見立てたと考えられます。

越乃雪は、安永七年（一七七八）、当時の長岡藩主牧野忠精《まきのただきよ》が病に臥《ふ》せった際に、大和屋庄左衛門《やまとやしょうざえもん》が考案、献上したのが始まりとのこと。この菓子のおかげで食が進み、病が治ったため、喜んだ忠精がその名を付けたのだとか。(1) 幕末には江戸や京都、大坂でも知られる銘菓となっており、松平春嶽《まつだいらしゅんがく》や佐久間象山《さくましょうざん》(2)といった有名人の口にも入ったようです。

越乃雪（越乃雪本舗大和屋）

越乃雪をくれた「硯海堂」がどのような人物かは不詳ですが、藩主の病が治ったとの由来を知って、療養中の晋作のために取り寄せたのかもしれません。しかし、当の本人は覚悟を決めていたのでしょう。菓子で最後の雪見を楽しんだ、というのはいかにも洒落者《しゃれもの》の晋作らしいエピソードといえます。

（1）越乃雪本舗大和屋ホームページより。
（2）晋作の師、吉田松陰の師匠にあたる。

# 富岡鉄斎《とみおかてっさい》と饅頭

## ——ご近所の仙人

富岡鉄斎（一八三六〜一九二四）は、近代日本の画壇を代表する画家の一人です。明治十五年（一八八二）、四十七歳のときに虎屋京都店のすぐ近く、室町通り一条下ル薬屋町に転居。亡くなるまでの約四十三年間、この地で暮らします。京都店支配人であった黒川正弘《くろかわまさひろ》（十四代店主光景《みつかげ》の実弟、号は魁亭《かいてい》）に絵の指導をするなど、虎屋と親しい関係にありました。そうしたつながりから、鉄斎は書斎改築の際、京都店の離れや茶室を画室として提供されています。また正弘を自分の名代《みょうだい》として遣わすこともあり、元老《げんろう》・西園寺公望《さいおんじきんもち》に「拙者《せっしゃ》の愛弟子《まなでし》に御座候」と紹介したという逸話も残っています。虎屋が鉄斎の作品を多く所蔵しているのも、このような交誼《こうぎ》によるものです。

鉄斎作品には菓子を題材にしたものもいくつか見られます。そのなかでも「羅漢虎上図《らかんこじょうず》」は、最近まで虎屋饅頭の井籠《せいろう》用掛紙に使用していたので、ご記憶の方もいらっしゃるかもしれません。

画賛に虎屋主人の為に書いたとあり、虎に乗り、饅頭らしきものが入った器を手にした十六羅漢の第一、賓頭盧頗羅堕《びんずるはらだ》が描かれています。羅漢とは釈迦の弟子で、仏教における最高の悟りを開い

富岡鉄斎（国立国会図書館蔵）

井籠入り虎屋饅頭

虎屋饅頭の額

た聖者。病気治しのおびんずるさんとして庶民に親しまれています。

虎屋饅頭とは酒饅頭で、一説にその製法は、鎌倉時代に聖一国師《しょういちこくし》（円爾《えんに》）が博多の茶店の主人に伝えたといわれています（77頁）。

このほかに「虎屋饅頭」と揮毫《きごう》した額や「饅頭起元図」などもあります。「饅頭起元図」は『三国志』で知られる諸葛孔明《しょかつこうめい》が戦いの折、羊と豚の肉を皮に包んで神にまつったという饅頭起源説をもとに描かれたものです。和漢の故事や文学への造詣が深かった鉄斎は、大陸伝来の饅頭のルーツにも興味をもっていたのでしょう。

鉄斎は虎屋以外の菓子屋にも、店の看板、掛紙などを書いていますが、実は、甘い餡を使った菓子より、「白ういろ」（白い外郎か）を好物としていました。しかもその食べ方は山葵《わさび》醤油を付けるというもの。外郎で試してみると、匂いこそ違いますが、鯨の脂肪の層、関西のおでん種で有名な「コロ」の歯触り、口どけに近い食感です。鉄斎は鰻など脂肪の多い魚が好きだったそうなので、体調管理のため、代用品として食べていたのかもしれません。

羅漢虎上図

饅頭起元図

## 幸田露伴《こうだろはん》と菓子製法書
### ――ちょっと良き本なり

幸田露伴（一八六七〜一九四七）は明治から昭和前期にかけての小説家で、代表作『五重塔』は今も読みつがれています。学生時代からあまたの書物を読み漁《あさ》ったといわれ、その博学ぶりはつとに有名です。多趣味で釣りのほか料理にも詳しく、親しくしていた岩波書店の小林勇《こばやしいさむ》は「どこでどうしてひとりの人間がこのように料理に関する豊富な経験と知識をもつことができたのだろう」とまで述べています。

その知識のほどを物語るのが「古今料理書解題」（一九〇二）。露伴所蔵の、おもに江戸時代の料理書について簡単な解説を加えたもので、八十点以上の書名が挙げられています。文末には、料理のことばかり書いて食いしん坊だと思われるかもしれないが、大病のあと、難しい本を禁じられたことがあり「平易なる書物に眼を晒せしが」、それをもとに書いたのである、と記されます。三十四歳だった彼にとって、これらの文献は娯楽小説のような軽い読み物だったのでしょう。まさに博覧強記の面目躍如、といったところです。

幸田露伴（日本近代文学館蔵）

菓子の本については五点の解説があります。版本としては初の菓子製法書（182頁）である『古今《ここん》名物御前菓子秘伝抄《めいぶつごぜんかしひでんしょう》』（一七一八）には「一寸《ちょっと》良き本なり」のコメントが付き、楽しんで読んだのではないかと想像もふくらみます。『蒸菓子雛形并仕立方《むしがしひながたならびにしたてかた》』（一八五〇）は幕府御用も務めた金沢丹後《かなざわたんご》の菓子の絵図と製法が記されていたようですが、現在では所在が確認できません。発見されれば、貴重な史料となることでしょう。十返舎一九《じっぺんしゃいっく》の『餅菓《もちが》子即席増補手製集《しそくせきぞうほてせいしゅう》』（一八一三）については、貧しかった一九が頼まれて、文字や挿絵の版下まで成したのだろうと推定しています。

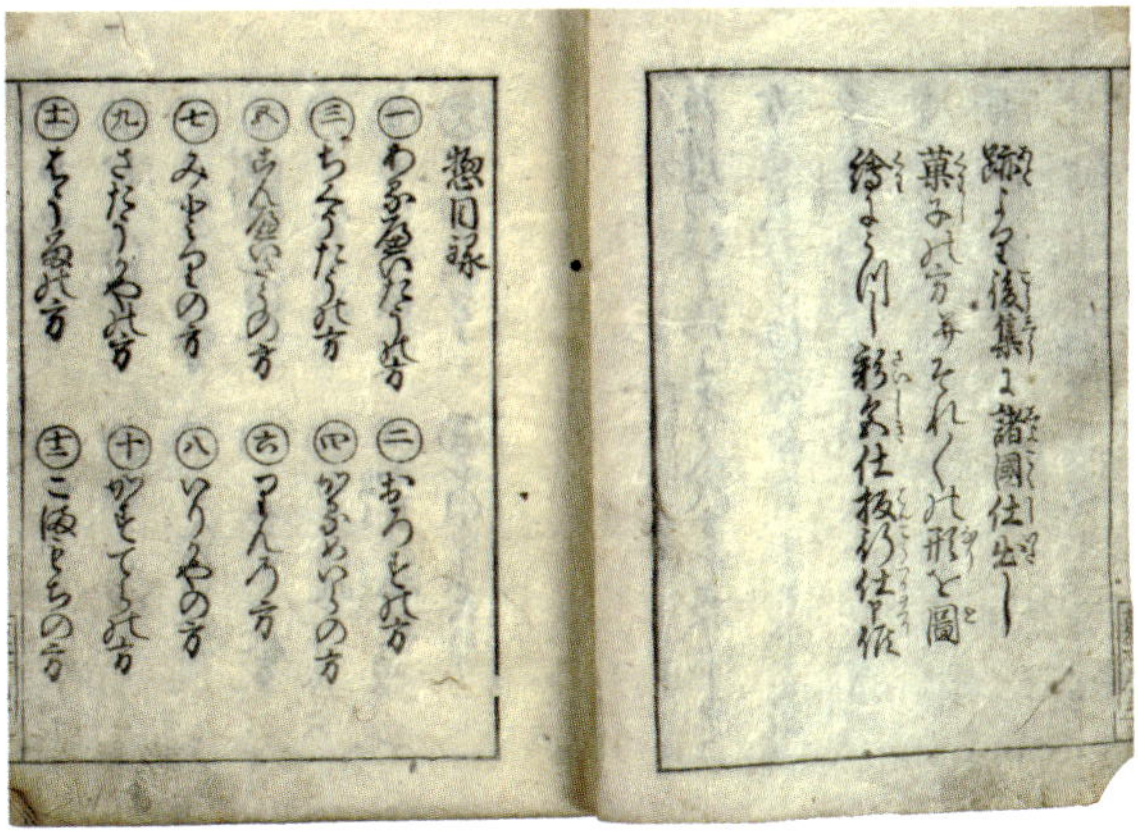
『古今名物御前菓子秘伝抄』（吉田コレクション）

また、興味深いのは江戸時代の代表的な製法書『菓子《かし》話船橋《わふなばし》』（一八四一）について。これは江戸・深川にあった船橋屋織江《おりえ》という菓子屋の著作なのですが、露伴はそれとは別の「其時分の名高き家」である「船橋」の作として紹介しています。この「船橋」とは、恐らく浅草雷門の船橋屋（154頁）のことと思われます。露伴の時代には雷門の船橋屋の方が著名だったために、勘違いをしたのでしょう。当時の菓子屋の事情がうかがえるような記述です。

# 石川啄木《いしかわたくぼく》とかき氷
## ――壮大なる言い分

雑誌やテレビ番組でも特集が組まれるなど、近年のかき氷ブームは目を見張るものがあります。一年中かき氷を提供する専門店も増えているようですが、やはり夏の風物詩の代表格でしょう。しかし、暑い時期に誰でも手軽に氷を食べられるようになったのは明治時代のこと。北海道からの天然氷の輸送販売が成功、また西洋から機械製氷技術がもたらされ、夏場の氷は身近な存在となりました。明治四十二年（一九〇九）の夏、二十三歳の石川啄木（一八八六～一九一二）が、「函館日日新聞」に九回にわたって連載した[1]「汗に濡れつゝ」という文章には、東京・本郷の氷屋が登場します。下宿の二階で寝ころがりながら東京の暑さについて語るなか、話題は、目にとまった窓の外の「氷屋の旗《フラフ》」に。数日前まで一膳飯屋《いちぜんめしや》（盛り切りの一膳飯を食べさせる簡易食堂）だった向かいの店が、ガラス管をつないだ涼しげな管暖簾《くだのれん》のかかった氷屋に様変わりしたのです。当時の東京では、冬は焼芋やおでんなどを商い、夏には氷屋になる店が珍しくありませんでした。

その旗をながめていた啄木は、「氷は冬の物である。それを夏になつてから食ふとは面白い事で

石川啄木（石川啄木記念館蔵）

ある」としながら、自然は慈しみの心をもって「万象を生育させんが為」に夏の暑さを与えているのだから、「自然界の一生物」に過ぎない人類は、おとなしく服従すべき、と書いています。さらに、氷を食べて暑さをやわらげようとするのは「自然に対して反逆してゐる」といい、まして、「味覚の満足」のために砂糖やレモン、蜜柑《みかん》などで味を付けるとは「人間の暴状も亦極まれりと言ふべしである」と述べているのですから驚きます。

ところが、なんと啄木の日記には、たびたび「氷を食べた」との記述が。岩手県に生まれ育ち、前々年は新聞社の特派員として北海道で夏を過ごした身には都会の暑さはさぞこたえたのでしょう。氷を食べることは人間のエゴイズムだと非難しながら、かき氷をちゃっかり楽しんでいたとはご愛嬌です。

明治時代の氷店
ジョルジュ・ビゴー『東京芸者の一日』
（日本近代文学館蔵）

ちなみに、かき氷のシロップのかけ方には東京風と関西風があったのだとか。東京では、シロップの上に氷をかき、関西では、かいた氷にシロップをかけたといいます。啄木が味わったのは、今ではあまり目にしない、氷の白さがまぶしい東京風だったのでしょうか。

（1）当時、東京朝日新聞社の校正係や、新聞への寄稿をしながら暮しをつないでいた。

# 武《たけ》井《い》武《たけ》雄《お》と菓子の敷紙《しきがみ》

## ――人気童画家オリジナルの紙に載せて

大正から昭和にかけて活躍した童画家[1]・武井武雄（一八九四～一九八三）。『コドモノクニ』『子供の友』ほか雑誌の表紙や挿絵を手がけたり、文・画とも自作の童話を出版したりと、生涯子どものための絵を描き続けた人物です。可愛らしさと同時にどこか怖さや不気味さを感じさせる武井の作品は、子どもに限らず、多くの大人の心もつかみました。

昭和十年（一九三五）以降、武井は紙の種類や印刷方法、綴《と》じ方など、一冊ごとに趣向を変えた「刊本作品《かんぽんさくひん》」の制作に力を入れました。螺鈿《らでん》細工や寄木《よせぎ》細工をほどこしたもの、原料の栽培から手がけたパピルス紙[2]を用い、完成までに四年半をかけたものもあり、全部で一三九ある作品はどれも驚くほど手間がかけられています。限定二百～五百部、登録会員のみ購入可能でしたが、入会希望者数が定員をはるかに超え、順番待ちのための「我慢会」なるものまであったといいます。

さて、刊本作品の配布会では、有志の会員が菓子を用意するきまりでした。その際、出席者にとって菓子以上に楽しみだったのが、武井オリジナルの敷紙です。凝《こ》り性《しょう》の武井は、日付や配る作品の

「御代の春」の敷紙（部分）

題名、菓子の名前や店名などを、事前に多色木版で紙に刷り、それに菓子を載せて出したというのです。綺麗なままコレクションしたかったのでしょう、いそいそと敷紙だけ先にしまう人が多かったとか。菓子を用意した会員は版木をもらえたといいますから、こぞって担当を買って出たと思われます。昭和四十九年一月十九日の会には虎屋の最中が登場しており、「御代《みよ》の春《はる》」と書かれた敷紙が残っています。菓子選びの条件として、武井の話が聞こえるよう、食べるときに大きな音がしないことが挙げられていたというので、なるほど最中は最適だったでしょう。「御代の春」のためだけにデザインされた敷紙だと思ってながめると、なんだか嬉しくなってきます。

御代の春

ちなみに、武井は昭和十一年から三十三年までの約二十年間にわたって『日本郷《にほんきょう》土《ど》菓子図譜《かしずふ》』を制作しています。全国各地の一七〇にものぼる菓子を、スケッチや商標・ちらしの貼付で記録したものです。子どもたちの興味の対象を研究・記録する目的で始めたといわれますが、しっかり味わって付けられたコメントや、おいしそうに描かれた絵を見ると、本人が菓子好きであったことも間違いないといえそうです。

（1）「童画」はもともと、子どものために大人が描く絵を意味して武井が造った言葉。
（2）古代エジプトで製された一種の紙。カヤツリグサ科の植物から作る。

コラム

# 鎌倉〜室町時代の菓子

## 点心《てんじん》の風習

鎌倉〜室町時代、中国に留学した禅宗の僧侶たちによって、大陸の様々な文化が日本に伝わります。食の面で注目されるのが、喫茶や点心の風習でしょう。点心とは朝夕の食事のあいだにとる小食の意で、このなかに現在、日本の菓子の代表である羊羹や饅頭の原形も含まれます。室町時代の教科書ともいえる往来物から、点心の名称を挙げてみると、

『庭訓往来《ていきんおうらい》』（十四世紀中頃）…水繊《セン》・紅糟《ウンサウ》・糟《サウ》鶏《ケイ》・鼈羹《ヘツカン》・猪羹《チョカン》・驢腸羹《ロチョウカン》・笋羊羹《シュンヤウカン》・砂糖羊羹《サタウヤウカン》・饂飩《ウトン》・饅頭《マンチウ》・索麺《サウメン》・碁子《キシ》麺・巻餅《ケンヒン》・温《ウン》餅

『尺素往来《せきそおうらい》』（室町時代中期）…砕蟾糟《スイセンサウ》・雞鮮《ケイセン》羹《カン》・猪羹《チョカン》・驢腸羹《ロチャウカン》・笋羊羹《シュンヨウカン》・海老羹《カイラウカン》・白魚羹《ハクギョカン》・

鼈羹と魚羹　参考：「膳部方聞書」

寸金羹《キンカン》・月鼠羹《ゲツソカン》・雲鱣羹《ウンセンカン》・甚鼈羹《ジンベツカン》・三峰尖《ボウゼン》・碁《キ》子麵《シメン》・乳餅《ニウビン》・巻餅《ケンビン》・水晶包子《シャウハウス》・砂糖饅頭《サタウマンヂウ》・餅《バウ》餡《タウ》・饂飩《ウドン》・索麵《サウメン》者《ハ》熱蒸《アツムシ》・切麵《キリムキ》者冷濯《ヒヤアラヒ》になります。

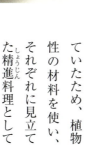

これらの多くは実体が不明ですが、「羹」は「あつもの」とも読み、具の入った汁物と解釈されます。もともと、羊羹をはじめ、鼈羹、猪羹は肉入りの汁物でしたが、禅僧は肉食が禁じられていたため、植物性の材料を使い、それぞれに見立てた精進《しょうじん》料理として作るようになったと考えられます。羊羹の場合には、羊の羹が小豆・小麦粉・葛粉などを材料とした蒸羊羹に近いものにかわっていったのでしょう。なお当時、砂糖は日明貿易《にちみん》（勘合《かんごう》貿易）などによって輸入される高価なものだったため、甘味料としての利用は限られており、羊羹・饅頭ともに砂糖入りを区別して「砂糖羊羹」「砂糖饅頭」と呼んでいました。

羊の羹

## 饅頭の伝来

饅頭の伝来については一般に次の二説がよく語られます。一つは京都東福寺《とうふくじ》を開いた聖一国師《しょういちこくし》[1]（円爾《えんに》）が、仁治二年（一二四一）中国から帰国後、博多に滞在した際、茶店の主人栗波吉右衛門《くりなみきちえもん》に製法を伝えたというもの。酒種《さかだね》（麴《こうじ》）を使うことから「酒皮饅頭《さかがわ》」、または茶店の屋号から「虎屋饅頭」と呼ばれます。もう一つは、貞和五年（一三四九）頃に渡来した中国人林浄因《りんじょういん》が、奈良で饅頭を作ったという説で、子孫が「塩瀬《しおせ》」の名字を用いたことから、「塩瀬饅頭」の名が付きました。

しかし、日本曹洞宗《そうとうしゅう》の開祖道元《どうげん》の『正法眼《しょうぼうげん》蔵《ぞう》』には、法会《ほうえ》の際に、点心として饅頭を羹と出す記述（44頁）が聖一国師の帰国と同じ年の条にあり、禅宗寺院ではすでに饅頭が広まっていたことがわかります。

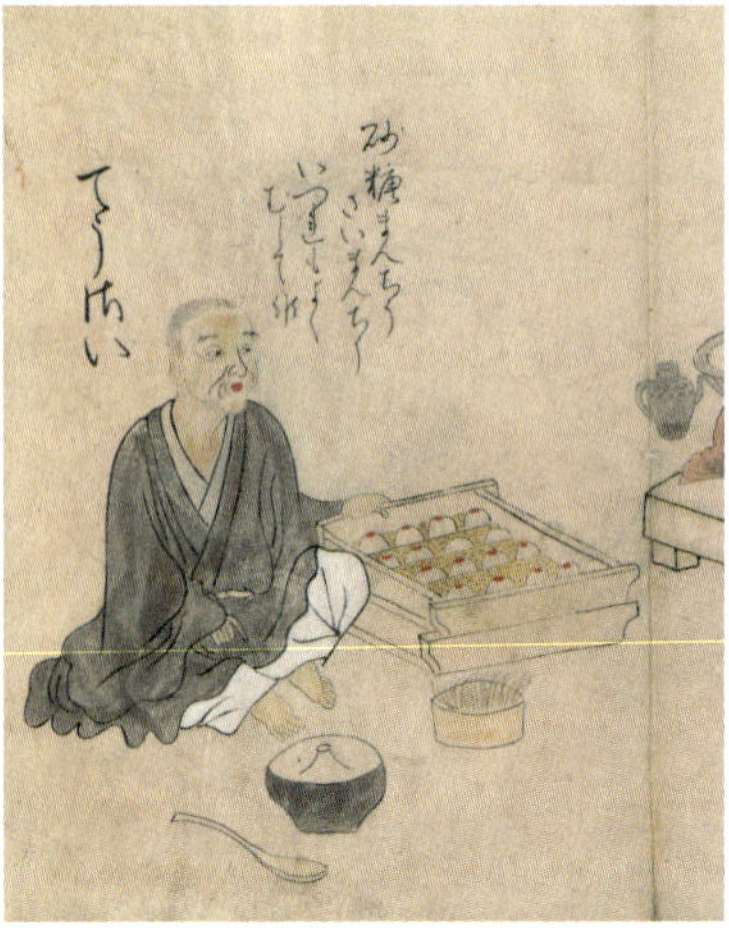

饅頭売り　『職人尽歌合』
（国立国会図書館蔵）より
砂糖入りの饅頭が売られていたことがわかる

室町時代後期の『七十一番職人歌合《しちじゅういちばんしょくにんうたあわせ》』には、僧侶姿の饅頭売りが描かれており、「さたう（砂糖）まんちう（饅頭）　さいまんちう（菜饅頭）　いつれもよくむして（蒸）候」の詞書《ことばがき》があります。菜饅頭には野菜を煮たようなものが入っていたとも推測され、この頃は小豆餡入りの饅頭はまだ一般的ではなかったようです。

なお、点心の水繊や砕蟾糟は葛切《くずきり》（水仙）、水晶包子は葛饅頭、索麺は素麺の原形と考えられています。

（1）博多の承天寺《じょうてんじ》では、聖一国師を点心の羹・饅（饅頭）・麺をもたらした人物としてまつっている。また、東福寺には、茶や小麦粉を挽《ひ》くために宋の寺院で用いていた水車の設計図「水磨様」（紙本墨書支那禅刹図式「寺伝大宋諸山図」）が残されている。

# 第3章

# 心が通う贈り物

# 清少納言《せいしょうなごん》と餅餤《へいだん》
## ——紙包みの中身は

「春はあけぼの」で始まる清少納言（生没年不詳）の随筆『枕草子《まくらのそうし》』。菓子についてはそれほど多くありませんが、「青《あお》ざし」や、平安時代版かき氷ともいえる「削《けず》り氷《ひ》」などの記述が見られます。[1] ここでは、清少納言がもらった珍しい菓子の話をしましょう。

ある日、貴族の藤原行成《ふじわらのゆきなり》の使いが梅の花を載せた白い紙包みを持って、清少納言のもとへやってきます。絵だろうかと思い、包みを開《あ》けると、餅餤が二つ入っており、行成からの手紙には〝（私は）顔かたちが良くないので昼間は持参できない〟とありました。謙遜《けんそん》あるいは冗談のつもりでしょうか。思いもよらぬ贈り物に清少納言はどのように礼をしたらよいか考えたあげく〝自分自身で持ってこないのはひどく冷淡に思いますが〟と、紅梅を添えて返事を送ります。行成は、「餅餤」に「冷淡」をかけた清少納言の機知ある返事をたいそうほめたといいます（「頭《とう》の弁《べん》の御《み》もとより」）。

清少納言　「女房三十六歌仙図画帖」（斎宮歴史博物館蔵）より

餅餤とは、中国からもたらされた唐菓子《とうがし》(38頁)の一つ。『和名類聚抄《わみょうるいじゅしょう》』(九三五以前)には、鵝や鴨の子、雑菜などを煮あわせたものを餅で包み、四角に切って作る、とあります。今の感覚でいうならば、菓子よりも、むしろサンドイッチのような軽食のイメージでしょうか。餅餤に限らず唐菓子の多くは、宮中の饗宴などで出される高級品でした。個人的な贈り物として用いられた例は他の史料では見られず、めったにないことだったのではと思われます。

贈り主の藤原行成は、詩文や書に優れた人物として知られ、『枕草子』にもしばしば登場しています。きっと才気あふれる清少納言とうまがあったのでしょう、餅餤をめぐるやりとりからも、二人の親密さがうかがえます。

清少納言は、行成が大勢の貴族たちがいる前でこの話をしたことを人づてに聞き、〝見苦しい自慢話ですが〟と文を結んでいます。菓子をもらった嬉しさと、行成にほめられた気恥ずかしさがただよい、ほほえましくなります。

餅餤

(1)「青ざし」は青麦を煎って粉にし、糸状によったともいわれる菓子で「三条の宮におはしますころ」に書かれている。また、「削り氷」は「あてなるもの」に見られる。

# 和泉式部《いずみしきぶ》と母子餅《ははこもち》

## ――親子をつなぐ草餅

和泉式部（生没年不詳）は平安時代中期の歌人です。二度の結婚を経験しており、冷泉《れいぜい》天皇の皇子・為尊《ためたか》親王やその弟・敦道《あつみち》親王ら貴公子と浮名を流すなど、恋多き女性として知られています。その奔放な生き方に対しては世間の評判も良くはなかったのか、同時代の紫式部は、なにげなく書いた手紙に趣があると和泉式部の文才を評価しつつも、「けしからぬかたこそあれ（感心しない面があるが）」とチクリと一言添えています（『紫式部日記』）。

さて、そういったイメージもあり、恋歌が注目されがちな式部ですが、『和泉式部集』には、「石蔵《いわくら》より野老《ところ》おこせたるてばこ《（手箱）》に、くさもちひ《（草餅）》い《（入）》れてたてまつる《（奉）》とて」という詞書《ことばがき》とともに、次のような歌も載っています。

はな《（花）》のさと心もしらず春のの《（野）》に　いろいろつめるははこもちひ《（母子餅）》ぞ

「石蔵」とは、敦道親王との間にもうけた男子、石蔵の宮のことで、式部とは別々に暮らしていました。その宮が「野老」（山芋の一種）を入れて送ってきた器に、草餅を詰めて返した折、という

和泉式部（時雨殿蔵）

詞書です。

現在では、草餅と聞くと蓬《よもぎ》餅を思い浮かべる人がほとんどかと思いますが、当時は母子草《ははこぐさ》（春の七草の一つ、ゴギョウ）を混ぜて搗《つ》いた「母子餅」が主流でした（172頁）。上巳《じょうし》の節句(1)に厄除けのため食べる習慣があったので、式部の歌が詠まれたのも同じ頃でしょうか。その風習のルーツは中国とされ、『荊楚歳時記《けいそさいじき》』（六世紀成立）には、三月三日に黍麴菜《しょきくさい》（＝母子草）の汁を蜜とともに米粉に混ぜて「龍舌粄《りゅうぜつはん》」を作っていたという記述が見られます。

母子餅

式部の歌の初二句は、宮からの寂しさを訴える歌を受けてのもので、〝あなたを思い続けている私には春の花などなんの魅力もない〟との意味と解釈されています。下の句では、「母子」という草の名前に自分と宮を重ね、〝あなたのことを考えながら作った草餅ですよ〟と語りかけているのでしょう。少しでもわが子を慰めたいという思いがうかがえます。

『和泉式部集』には、「石蔵の宮の御許にちまき《粽》奉るとて」と詞書のある歌もあり、息子の喜びそうな食べ物をせっせと送る「母」の顔が垣間見えるようです。

（1）三月の初めの巳の日。のちに三月三日をさすようになった。

# 日蓮《にちれん》と端午《たんご》の粽《ちまき》・正月の「十字《じゅうじ》」

## ——聖人さまの心温まる礼状

日蓮（東京大学史料編纂所蔵）

鎌倉時代、法華経《ほけきょう》を唯一の正法《しょうほう》と位置づけ、それ以外の仏教諸宗の教えを否定した、日蓮宗の祖、日蓮（一二二二〜八二）。さらに、諸宗の教えを許している幕府にも諫言《かんげん》を繰り返し、二度にわたって流罪に処されるなど、数々の法難《ほうなん》（仏法を広めるために受ける迫害）に見舞われますが、晩年は身延山《みのぶさん》（山梨県）に入って静かな信仰生活を過ごし、書状を通して各地の信者たちを指導しました。

身延山は、のちに日蓮宗の総本山久遠寺《くおんじ》となりますが、当時はうら寂しい山間《やまあい》の地でした。信者からは、米や塩、芋に筍《たけのこ》、果物類や酒など、様々な品が供養として届けられ、日蓮はそれぞれに丁寧な返書を認《したた》めています。

たとえば、入山からまもない文永十一年（一二七四）二月に、故郷である安房国《あわのくに》（千葉県）東条郷《とうじょうごう》の信者に宛てた手紙では、海苔《のり》をもらった礼を述べ、〝遠く離れた山里にいて故郷のことを忘れていたが、海苔を見て望郷の思いがつのった〟と心情を書き綴っています。また、弘安元年（一二七八）五月には、端午の節句にあわせて粽が届けられ、三日付の書状で〝長雨が続いて、山深く険しい道を踏み分けてやってくる人もないなか、ホトトギスの一声のような嬉しい贈り物です〟と礼を述べています。

さらに、息子を亡くしてまもない女性信者から「十字」や飴、蜜柑《みかん》・串柿などをもらった際の礼状（弘安四年正月十三日付）には、〝春を迎え花も咲こうというのに、どうしてあなたの息子さんは帰ってこないのか（さぞやおつらいことでしょう）〟と、母親の気持ちに寄り添う内容が見えます。「十字」は小麦粉で作る蒸餅、あるいは饅頭をさすともいわれますが、はっきりとしたことはわかりません。ただ、別の書状に「十字の餅、満月の如し」とあるので、ここでは丸い形だったようです。ほかの年にも正月前後の礼状にその名が見えるので、蜜柑や串柿を添え、鏡餅のようにして飾ったのかもしれません。

これら数々の礼状からは、人里離れた身延山に籠《こも》っていた日蓮が、日常の品々はもちろん、正月や節句の食べ物も忘れずに送ってくれる信者たちにどれほど感謝し、同時に彼らを思いやっていたのかがうかがえます。激しい他宗批判や妥協を許さない姿勢から、論理を優先する求道者《ぐどうしゃ》と見られがちな日蓮ですが、こうした心の通ったやりとりがあったからこそ、彼の説く教義が人々に受け入れられていったのでしょう。

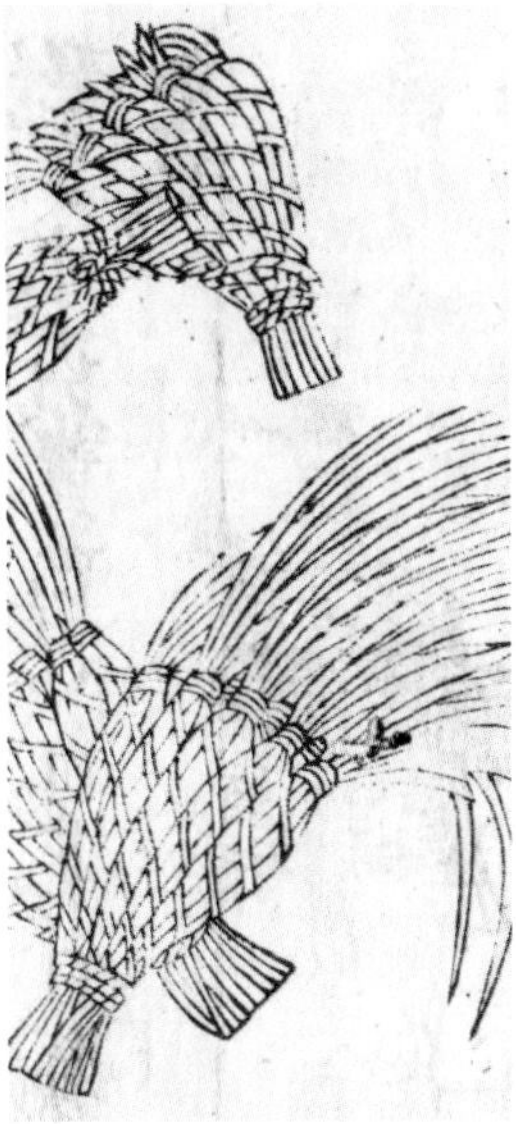
粽　『和漢三才図会』（国立国会図書館蔵）より

# 織田《おだ》信長《のぶなが》と金平糖《こんぺいとう》

## ——南蛮伝来の珍菓

織田信長（長興寺蔵）

永禄十一年（一五六八）、織田信長（一五三四〜八二）は室町幕府の十五代将軍となる足利義昭《あしかがよしあき》を奉じて上洛し、天下人への大きな一歩を踏み出しました。その翌年、義昭邸の建築現場でイエズス会の宣教師ルイス・フロイスと会見。フロイスは、Confeito《コンフェイト》入りのガラス瓶と蠟燭《ろうそく》数本を信長に贈ったといいます。もともと信長は、鉄砲を積極的に使ったり、南蛮風の衣装に身を包んで悦に入ったり、西洋文化に強い関心をもっていましたが、この折は寺院勢力への牽制など、宣教師との会見をデモンストレーションとして利用する意図があったと考えられます。一方フロイスは、京都でのキリスト教布教の機会をうかがっており、二人の思惑が一致したのでしょう。贈り物を受け取った信長は、一時間半から二時間ほどの会談後、快く布教を許しました。

さて、Confeitoとは、いったいどのようなものだったのでしょうか？　日本語では金平糖と訳されますが、ポルトガル語で砂糖菓子を意味します。日本の金平糖に似たConfeitoは、テルセイラ島など一部の地域で今も作られているものの、角《つの》が整っておらず、でこぼこしています。その理由は、製造にかける時間の長さにあるといえるでしょう。砂糖の結晶を大きくしていく作り方は同じですが[1](206頁)、日本では二週間ほどかけて丁寧に角を作るのに対し、ポルトガルでは四〜五日で完成させるので、かたちに差ができます。信長が目にしたものも素朴なかたちだったと思われますが、砂糖自体が贈り物にも使われた当時、Confeitoは今では考えられないほど高価で珍しいものでした。ガラス瓶に入っていたことも異国の品ならではで、砂糖菓子の甘美な味わいは信長を魅了したことでしょう。

スペイン(上)とポルトガル(下2点)のConfeito

　信長はその後、安《あ》土《づち》城を築き、楽市楽座や、関所の廃止といった流通経済の改革や、身分にとらわれない人材の登用など、革新的な政策で日本の近世の扉を開きます。ガラス瓶入り金平糖は、国外にも眼を向け、天下統一の夢を抱き続けた信長にふさわしい贈り物だったのではと思います。

(1) 日本では、芯にグラニュー糖やいら粉などを使う。一方ポルトガルではアニス、コリアンダーなどを用いる。

# ケンペルと十種類の日本の菓子

## ——江戸城の広間にて

外国との交流が制限された江戸時代、長崎の出島《でじま》で細々と日本との交易を許されていたのがオランダでした。交易を取り仕切る東インド会社の商館長は数年に一度、同社の随行員とともに江戸城で将軍に御礼を述べる取り決めになっていました。これを「江戸参府《えどさんぷ》」といいますが、ふだん出島から出ることができなかった彼らにとって、日本を見る絶好の機会であったことでしょう。

元禄三年（一六九〇）、東インド会社の医官として来日したドイツ人のエンゲルベルト・ケンペル（一六五一〜一七一六）も、そうした機会に恵まれた一人です。ケンペルは江戸参府に二度にわたり随行し、挿絵入りの日記を残しました。江戸城の広間の様子について、事前に得ていた知識と自分が見たことを比べるなど、旅行家でもあった彼が、東の海に浮かぶ小さな国の風俗や文化を熱心に知ろうとした様子がうかがえます。

エンゲルベルト・ケンペル　『江戸参府旅行日記』より

江戸城の広間でダンスをするケンペル　『江戸参府旅行日記』より
最初の参府でのスケッチ。本人は中央に立っている。江戸城の広間についてケンペルは、次のように記している。「ここには高くなった玉座も、そこへ登ってゆく階段も、たれ下がっているゴブランの壁掛もなく、玉座と広間すなわちその建物に用いてあるという立派な円柱も見当らない。けれども、すべてが実際に美しく、大へん貴重なものであることは事実である」

ケンペルが将軍から下された10種類の菓子

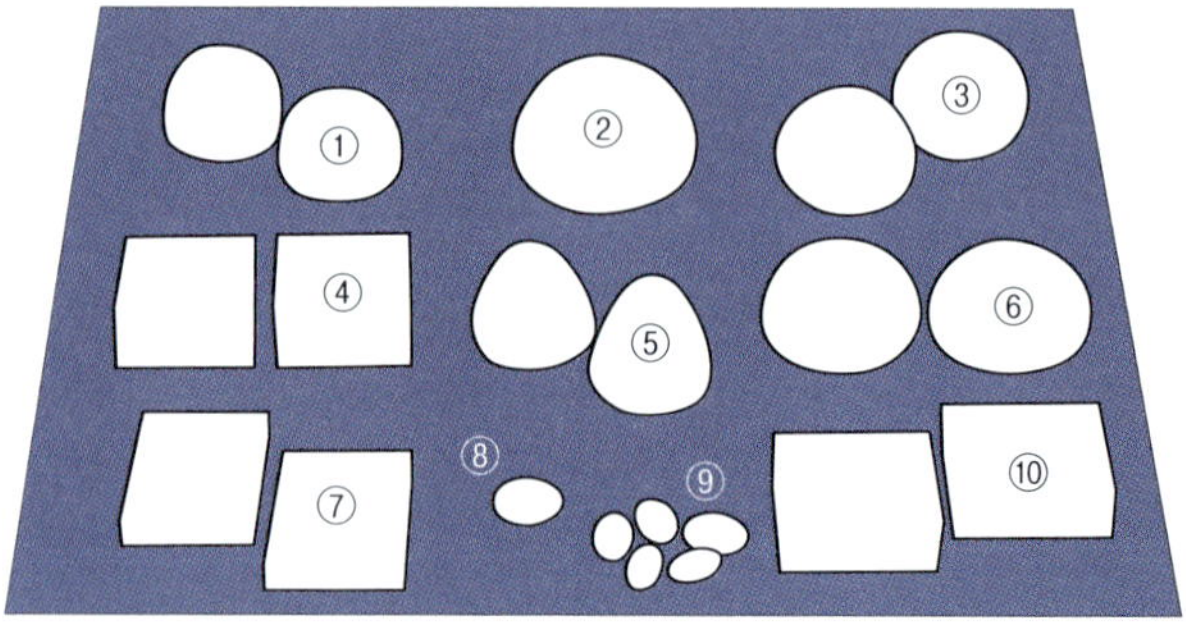

二度目の随行となる、元禄五年四月二十四日には、五代将軍徳川綱吉《つなよし》に謁見した際にたくさんの菓子《かし》を下賜されたことについて書いています。謁見の日、将軍への挨拶が終わると、それぞれに次のような菓子が載った小さな膳が用意されました。

①黄色の焼餅　②大きな壺に入れた餡入りの饅頭　③②より小さい普通の大きさの饅頭　④四角い焼菓子　⑤蜂蜜の入った漏斗《ろうと》形の厚く巻いた褐色の菓子　少し歯切れが悪く、側面の一方に太陽とバラの形、もう一方に桐の木の葉一枚と花三つ（内裏の紋）が付いていた　⑥胡麻《ごま》付きの中空の小さなパンのようなもの　⑦豆粉と砂糖で作った赤褐色の脆《もろ》い四角の薄い煎餅　⑧白い縞の付いた精製した砂糖　⑨皮付きの榧《かや》の実　⑩焼いて小さく切った四角い菓子　中に柔らかい求肥《ぎゅうひ》入り

⑤で歯切れが悪いとあるのは、餅や求肥の類のことでしょうか。⑥は江戸時代の菓子製法書などに見える胡麻胴乱《どうらん》（246頁）を思わせます。一行は、すべての種類を少しずつ食べ、残りは白い紙に包んで持ち帰りました。同席した長崎奉行から〝オランダ人がこんなに厚遇されたことは初めてです〟といわれたとケンペルは書いていますが、大量の菓子をもらったことに対する感想や、これらをどう味わったかについては、なぜか一言も触れていません。あまりにも種類がありすぎて、それを書き留めるだけで精一杯だったのでしょうか……。

# 徳川光圀《とくがわみつくに》と福寿饅頭《ふくじゅ》
## ――友人の古稀《こき》祝いは盛大に

水戸藩の二代藩主徳川光圀（一六二八〜一七〇〇）。

時代劇「水戸黄門」のモデルになった人物としてご存知の方が多いでしょう。ドラマのように世直しのため身分を隠して全国各地を旅したという事実はありませんが、『大日本史』の編纂に代表される修史事業などに力を入れた名君でした。イチジクやマルメロなど外来の珍しい果物を栽培させたり、蕎麦やうどんを自ら打ち、今日でいえばラーメンのようなものを食べたりしたともいわれ、食通としての一面もあったようです。

さて、光圀と交流があった人物に、京都の公家・中院通茂《なかのいんみちしげ》がいます。朝廷と幕府との交渉を担う重要な役職・武家伝奏《ぶけてんそう》を務めた一方、歌人でもあり、勅使として江戸に下向した際には小石川邸《こいしかわ》（水戸徳川家の江戸藩邸）で光圀と和歌を詠みあったり、また光圀の死に際しては哀悼の歌を寄せたりと、役職上の関係に留まらない、親密な間柄であったことがうかがえます。

元禄十三年（一七〇〇）には、光圀が古稀（七十歳）を迎えた通茂へお祝いの品を贈っています。使

徳川光圀　立原杏所筆（茨城県立歴史館蔵）

者として上洛した国学者・安藤為章《あんどうためあきら》の随筆『年山紀聞《ねんざんきぶん》』によれば、長寿を意味する長い線香や蠟燭などとともに、「寿桃《（じゅとう）》」が届けられています。「目録の中に寿桃とあるは、大きなる饅頭に紅《べに》をもて、おの〳〵寿の字を書たり」と説明が加えられているとおり、これは、紅で寿の字が書かれた大きな饅頭のことで、実は虎屋が注文を受け、作ったものでした。虎屋の記録では、皮二十七匁（一〇一・二g）・餡四十三匁（一六一・二g）、「まんの上へに《（紅）》ニてふく《（福）》寿といふもし《（文字）》一し《（字）》かき中候」となっています。数は百個。皮と餡の重さを足すと七十匁（二六二・四g）になるのは通茂の年齢にかけているのでしょう。ちなみに、現在の虎屋の饅頭の標準サイズは五十〜六十g。光圀の饅頭はその約五倍なので、相当大きかったことがわかります。二六〇gを超える饅頭が百個並んだところは、当時の人にとっても、びっくりするような光景だったことでしょう。

福寿饅頭

虎屋にはほかにも、光圀の注文として、貞享五年（一六八八）霊元《れいげん》上皇が能を催した折に饅頭を贈った記録が残っていますが、こちらは「大まん」を百個との指示のみ。通茂へ贈った饅頭の凝《こ》りようからは、親しい相手を喜ばせようという光圀の意気込みが感じられます。

## 申《しん》維《ゆ》翰《はん》と求《ぎゅう》肥《ひ》飴《あめ》

### ——朝鮮通信《ちょうせんつうしん》使《し》と日本人僧侶の交流

将軍襲職《しゅうしょく》祝いなどのため、室町〜江戸時代に朝鮮から来日した使節団を朝鮮通信使といいます。申維翰（一六八一〜？）は、通信使の製述官（書記官）として享保四年（一七一九）に日本を訪れました。このときの記録が『海游録《かいゆうろく》』。朝鮮人の日本観がうかがえる史料として知られます。

朝鮮を出立、対馬《つしま》（長崎県）から海路大坂に入り、東海道を進んで江戸に向かった一行は、およそ四七〇人。彼らの接待には多くの日本人がかかわりましたが、なかでも重責を負ったのが対馬藩の禅寺、以酊庵《いていあん》の僧侶です。以酊庵は朝鮮外交の窓口の役割を担っており、学識の高い京都五山[1]の僧侶が輪番で住持に就《つ》きました。彼らは通常、寺で執務し、通信使が来日すると同行して旅の便宜をはかります。維翰が来日したときは、天龍寺《てんりゅうじ》から派遣された湛長老（月心性湛）が担当でした。文化や風習の違いに戸惑う維翰に対し、長老は細やかな心遣いで接し、彼もそれに深い感銘を受けて

『朝鮮人三使登城行列』（早稲田大学図書館蔵）より

信頼を寄せたといいます。

江戸に到着した一行は、八代将軍徳川吉宗《よしむね》に謁見して国書を渡したあと、朝鮮に向け、来た道を戻ります。日本を離れるのを前に、対馬で長老との別れの宴が開かれました。維翰が海を渡れば二人は再び会うことはなく、別れがたい思いがつきません。名残を惜しむように宴は夜遅くまで続きました。翌日、長老の使いが書籍や漆の箱などとともに、故国にいる維翰の母のためにと求肥飴一箱を持ってきます。求肥飴は、もち米の粉で作った菓子。『海游録』には「状如黒糖軟甘味厚宜老人之湌耳」と書かれており、黒砂糖入りであったこと、老いた人でも食べやすいやわらかなものであったことなどがわかります。実は維翰が製述官に任命される前、母が病に臥《ふ》しており、そのことを湛長老に話したようです。故郷にいる母を気遣う様子を見、長老は老人でも食べられるようにと求肥飴を用意したのでしょう。維翰からの感謝の言葉を聞き、長老の使いは涙に暮れたといいます。

旅の終りに渡された心づくしの求肥飴は、維翰にとって思い出に残る贈り物となったに違いありません。

求肥飴

（1）京都の禅宗（臨済宗）寺院の最上位にある五寺のこと。天龍寺・相国寺・建仁寺・東福寺・万寿寺。

# 頼山陽《らいさんよう》と小倉野《おぐらの》

## ——子の心親知らず？

幕末から明治時代初期にかけて高い評価を得た史書『日本外史《にほんがいし》』（一八二七自序）。その著者である頼山陽（一七八〇〜一八三二）は、広島藩浅野家に仕えた儒学者の家の跡取りでしたが、若い頃に脱藩したこともあり、家をつぐことができなくなってしまいます。のちに京都に出て私塾を開いた山陽は、父の春水《しゅんすい》亡きあと、広島の実家を守る母梅颸《ばいし》へ、折に触れ菓子を送るなど孝行に励みました。山陽が送った菓子には、干菓子や洲浜《すはま》(1)のほか、虎屋のものとも考えられる「夜の梅」の名も見えます。

山陽がたびたび菓子を送ったのには、実家の特殊な事情が関係しています。頼家では、年間を通して歴代の当主や広島藩主にまつわる儒教の祭祀《さいし》を行っており、菓子を添えた膳を用意しました。菓子は自家製のほか広島の菓子屋に頼む場合もありましたが、山陽や親戚からの到来品も多く使われました。山陽からの菓子の添え状にも、「望日《ぼうじつ》」（毎月十五日の拝礼）に供えてくれるようになどとあり、母の菓子調達を助けようという心遣いが感じられます。

頼山陽（東京大学史料編纂所蔵）

もちろん山陽は、母自身のためにも菓子を届けています。特に小倉野（蜜煮にした小豆を餡玉に付けた菓子）には強い思い入れがあったようで、年に六回送ったこともありました。文政三年（一八二〇）四月、小倉野十個に添えた書状には、梅颸がすぐに他人にあげてしまうので別に饅頭を入れたとあり、饅頭の方を贈答に使うようにと書いています。そして小倉野についても、家族四人に一つずつ渡し、残りは自分で食べるようにと念を押しています。また、文政十三年（一八三〇）三月の書状には、入手した小倉野が新しいもののようなので今日さっそく手配したとあり、ついで〝惜しがらずに食べてください。しまい込まれたあげく、知らない客に出されるのは自分の本意ではありません〟とまで述べています。せっかくの菓子が梅颸の口に入らないことが何度もあったのでしょう。

小倉野

梅颸にとっては京都で名を揚げた息子が送ってくれた大切な菓子。もったいなくてすぐには食べられなかったのかもしれませんが、母においしい菓子を味わってもらいたいという、山陽の気持ちもよくわかります。

（1）きな粉を水飴で練り固めた菓子。豆飴ともいう。

# ペリーと接待菓子

## ——能の演目にちなんだ菓銘

嘉永六年（一八五三）、米国海軍軍人のマシュー・C・ペリー（一七九四〜一八五八）が黒船四隻を率いて来航。日本に開国を求め、翌年、日米和親条約が締結されました。歴史に残るこの交渉にあたって、幕府はペリー一行を何度か日本料理でもてなしており、条約調印前の三月八日（旧暦二月十日）に、横浜で行われた饗宴については献立記録が残っています。

料理は鯛鰭肉《たいひれにく》の吸い物や、平目《ひらめ》ほかの刺身、豚のうま煮、鮑《あわび》や赤貝の膾《なます》など、様々な食材を使った贅沢なもので、江戸・日本橋に店を構えた有名な料亭、百川《ももかわ》に依頼したとのこと。菓子については

四拾五匁形

一、海老糖

一、白石橋香　寸法　長三寸五分　巾壱寸七分　厚壱寸三分

一、粕庭羅

と見えます。四十五匁は重さと考えられ、換算すると約一七〇gになり、かなり大ぶり。同時代の

ペリー

史料から推測するに海老糖は紅白の縞模様の有平糖《あるへいとう》、白石橋香《しろしゃっきょうこう》は、白い落雁のような干菓子で、能の演目「石橋」にちなんだものでしょう。咲き匂う牡丹のあいだを獅子が舞う内容から、モチーフは牡丹や獅子だったのでは？　南蛮伝来の粕庭羅《かすていら》を出したのは、異国人の嗜好を思っての配慮でしょうか。なお記述から、粕庭羅は横浜で作らせたもので（店名不明）、ほかの菓子は江戸の鈴木屋清五郎（鈴木越後か）に依頼したことがわかります。

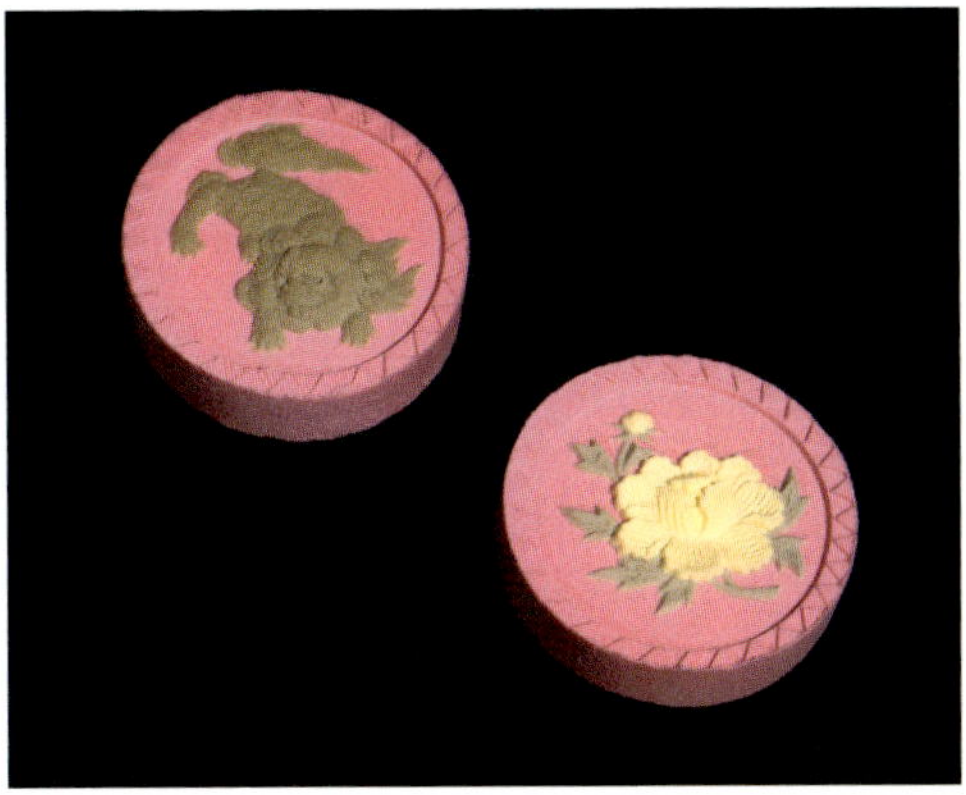

獅子と牡丹を表裏に配した虎屋の干菓子「友鏡」　題材は「石橋」で、木型には天保15年（1844）の年紀がある

　こうした接待がどう受け止められたかは不明ですが、日本料理全般について、ペリーは日記に「……充分なものとは言えず、むしろ、ご馳走も、料理法も、いつもまったく同じ性質のものであった」と書いています。高級食材を使った豪華な料理であっても、小さなものばかりで肉の量も少なく、味も淡白でもの足りなく思えたのかもしれません。菓子についても好意的に見てもらえなかった可能性があります。

　なお、さきの菓子は三百人分程用意されたとのこと。ペリーは無理にしても、和菓子の美しさ、そして味わいに心和んだアメリカ人が一人でもいたらと思います。

## ゴンチャローフが驚いた製菓技術
### ――日本とロシアの菓子比《くら》べ

ロシア文学者のイワン・ゴンチャローフ（一八一二～九一）は、著作の『オブローモフ』が邦訳されていることもあって、日本でも比較的知られた存在ではないでしょうか。その一方で、ロシア使節プチャーチンの秘書を務め、嘉永六年（一八五三）、使節団とともに長崎に来航したことは、ほとんど話題にならないかもしれません。

彼は長崎滞在中の出来事を細かく日記に書いていますが、そのなかには奉行所から受けた饗応、贈答などに関して、菓子の記述もあります。たとえば、八月十九日に到着した一行に、長崎奉行所が一人一つずつ贈った木箱入りの菓子は、「大きな一片は何やらタルトtort（果実入りパイの一種）に似ており、それから捏粉《ねりこ》のようにねっとりしたゼリーがハート型に仕立ててある。さらに粗糖でつくって色どりを添え、油のようなものを塗った魚が一尾、おしまいはこまごました干菓子で、砂糖漬の果実、ちなみに人参まであった」とのこと。何やら洋菓子のようですが、これらはすべて和菓子でしょう。タルト状のものは焼菓子、ハート型のゼリーや魚は寒天を使った流しもの、あるいは

ゴンチャローフ

煉切《ねりきり》、人参は砂糖漬もしくは有平糖《あるへいとう》で作る「人参糖」でしょうか。実に多種類の色あざやかなものだったことがうかがえます。ゴンチャローフの感想は「まさしく放胆無比な製菓技術というべきではなかろうか？　まあよくできている」でした。

ちなみに、十二月十四日の正式な会談には本膳料理が用意され、食事前に薄茶《うすちゃ》と「春霞」「明ほの」「薄雪巻」「屋千代」「若葉笹」「椿花巻」などの菓子（干菓子か）が出されています。また、日記には、正餐《せいさん》のあとに箱詰めの砂糖菓子も登場。「氷砂糖でつくった竹の枝や、リボンや、ハートや、魚の形をした菓子などが入っていた」そうです（魚は鯛形か）。

干菓子の例　「蒸餅干菓子菓子雛形」下より

一方、ロシア側も十二月十七日、長崎の艦上で川路聖謨《かわじとしあきら》ら日本側を様々な料理で歓待した折、引出物として「菓子箱」を用意しています（次頁）。「高価な美しい木を用い、木彫りのモザイクをほどこした」みごとな箱、色とりどりの「キャンデー」の素晴らしさに、日本側は「もはや満足や感嘆の念を抑えきれなくなって、あっといった」と見えます。ゴンチャローフは記述しながら、自分が日本の菓子に驚いたときのことを思い出したのではないでしょうか。両者の菓子比べを思わせるエピソードといえ、今なら菓子の写真が新聞紙面を飾り、話題になったことでしょう。

# ロシア使節からの引出物

④「アルヘイ　魚ハ白クヒレハ赤シ
日本ニ云フ鮎ニ似タリ　眼ハ黒シ」

⑤「日本ノ落雁ニ
似タリ」

⑥「此葡萄残ラス菓子ニテ
一ツツヽトリテ食ス　風味
淡白ニテ最好シ」

⑦「アルヘイ　赤筋ハヘコミテウチコミ　玉子色
星ハクロシ」
＊④と⑦の「アルヘイ」は有平糖（260頁）のこと

①「日本ニ云フ処ノカステイラ」

②「濃チャ色上ニ氷オロシノ白点ヲカクル」
＊氷おろしとは、氷砂糖を細かく砕いたもの

③「此処切ハナシピラピラ金銀ノカミニテ張ル」
＊「ピラピラ」は包み紙の切込みのこと

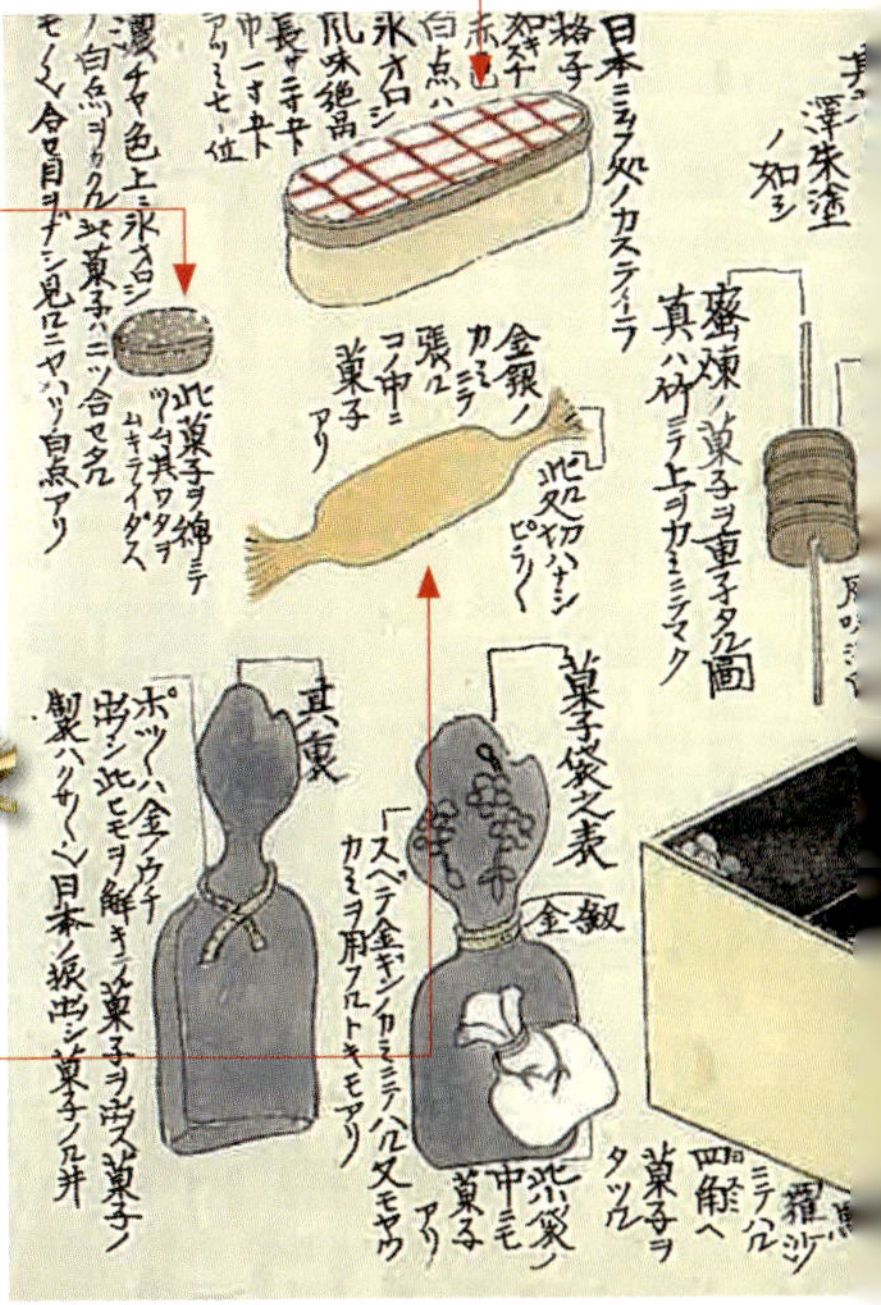


嘉永６年（1853）ロシア使節饗応関係史料（吉田コレクション）より
縦7寸４分（約22㎝）、横５寸（約15㎝）の箱に飴や、カステラのような焼菓子、木の実の砂糖漬など、様々な菓子が入っていたことがわかる。「　」内は史料からの抜粋

# 川路聖謨《かわじとしあきら》と洋菓子との出会い
## ――未知なるものへの好奇心

川路聖謨（個人蔵）

川路聖謨（一八〇一～六八）は、100頁のゴンチャローフで触れたように、嘉永六年（一八五三）、ロシア使節プチャーチンの来航に際し、長崎で交渉にあたった幕臣です。豊後国《ぶんごのくに》（大分県）日田《ひた》出身の、明るく機知に富んだ俊英で、プチャーチンは、ヨーロッパの社交界に出ても通用する一流の人物として絶賛しています。同年十二月十七日、ロシア側が艦上で川路ら日本側をもてなした折のエピソードをご紹介しましょう。

川路は日記にロシアとの交渉の詳細を書いていますが、艦上での接待で出された料理については、フランスの葡萄酒、鯛や米を入れたスープのようなもの、「牛・羊・鶏・玉子の類、又野菜の酢のもの」などで、「菓子はカステラの類、葛《くず》もち、并にうどんの粉にて作りたるもの也」とあります。想像するしかないですが、「カステラの類」は、菓子箱の絵にある焼菓子（103頁）のようなものでしょうか。「葛もち」は日本の葛餅に似た、なめらかな食感で、ゼリーのようなものだったかもしれません。「うどんの粉」は小麦粉で、焼菓子の類が出たのでしょう。

ロシア側のゴンチャローフの旅行記によれば、日本人一行は「これはなんでござるか」と一皿ごとに尋ねたり、満足そうに羊肉を平らげ、おかわりを所望したり、テーブルクロス・ナプキン・食卓用塩入れに関心をもつなど、好奇心旺盛だった様子。「クリームのような軟らかいケーキ」がビスケットと一緒に出されると、川路は気に入ったのか、袂《たもと》から紙を一枚取り出して皿に残ったものを全部それに移し、一捻《ひね》りして懐中にしまい込んだそうです。「どこかの美人に持参する」のでなく「家来どもに取らせる」のだと川路が話したことから、女性談義が始まるという、ほほえましい展開にもなります。こんなところにも彼の茶目っ気や社交性がうかがえるといえるでしょう。

とはいえ、交渉では日本が不利な立場にならないよう、毅然《きぜん》とした態度をとりました。対ロシア外交の功労者として讃えられますが、晩年は時勢に恵まれず、隠居の身となり、病に苦しみます。自ら命を絶つという痛ましい最期でしたが、その比類なき外交手腕や魅力的な人柄は、今もなお語りつがれています。

ロシア使節随員　『ゑひすのうわさ』(国立国会図書館蔵) より

# ハリスが感動した日本の菓子

## ――土産にできないのが残念！

ハリス

和菓子の繊細な色合い、凝《こ》った意匠に感心した外国人といえば、安政三年（一八五六）初代米国総領事として下田《しもだ》（静岡県）に着任したタウンゼンド・ハリス（一八〇四～七八）が挙げられるでしょう。ハリスが日米修好通商条約締結交渉のため、十三代将軍徳川家定《いえさだ》に謁見を許され、下田を旅立ったのは安政四年十月七日のこと。江戸までは下田奉行の手配による三五〇人もの大行列で、十四日に到着し、丁重に迎えられます。翌日、宿所に届けられた将軍からの贈り物が、豪華な日本の菓子でした。ハリスの日記には、部屋で贈り物を開《あ》けたときの様子が次のように記されています。

それを開くと、砂糖や、米粉や、果物や、胡桃《くるみ》などでつくった日本の菓子が、四段に入っているのが見られた。それらは、どの段にも美しくならべられ、形、色合、飾りつけなどが、すべて、ひじょうに綺れいであった。その重量は七十ポンドほどであった。私は、それらを合衆国に送ることができないことを、大いに残念に思う。それらは、長い航海の間に悪くなるだろうから。

読むうちにハリスの感動が伝わり、日本人として誇らしい気持ちになります。いったいどのような菓子が贈られたのでしょうか。

興味深いことに、『嘉永明治年間録』などの幕府側の記録から、その内容がわかります。箱は「桧重一組　四重物一組、長一尺五寸、横一尺三寸、但し外桧台付、真田打紐付」。つまり、桧の四段重ねの重箱で、縦四十五、横三十九cmほど。その内訳は、干菓子として「若菜糖、翁草、玉花香　紅太平糖、三輪の里」が一段、「大和錦、花沢瀉《はなおもだか》、庭砂香《ていさこう》、千代衣」が一段、蒸菓子として「紅粕庭羅巻《べにかすていらまき》、求肥飴、紅茶巾餅」が一段、「難波杢目羹、唐饅頭」が一段でした（次頁）。

幕府からの贈り物の模型（写真提供：たばこと塩の博物館　制作：福留千夏）

製造したのは幕府御用菓子屋の「宇都《うつの》（津）宮内匠《みやたくみ》」で、代金は六十五両だったとのこと。一両で米が六斗（米俵一俵半）買えた時代といいますから、大変な高額です。菓銘から当時の史料を調べるに、多種多様の菓子だったことが想像されます。この贈り物によって、条約交渉という重要な任務を控えたハリスも一時旅の疲れを癒すことができたのではないでしょうか。

# 幕府からの贈り物

（写真提供：たばこと塩の博物館　制作：福留千夏）

（1段）若菜糖・翁草・紅太平糖・三輪の里・玉花香

（2段）大和錦・千代衣・花沢瀉・庭砂香

（3段）紅茶巾餅・求肥飴・紅粕庭羅巻

（4段）唐饅頭・難波杢目羹

## 岩崎《いわさき》小弥太《こやた》とゴルフボール形の菓子
### ――夫人の心遣いから生まれたロングセラー

虎屋には、本物のゴルフボールそっくりな最中があります。昨今のゴルフ人気を考えると近年の商品のように見えますが、大正十五年（一九二六）発売という、意外にも歴史ある菓子なのです。

その誕生には、大正から昭和にかけて活躍した三菱財閥の総帥《そうすい》、岩崎小弥太（一八七九～一九四五）がかかわっています。人脈が広い小弥太は、宮家、陸海軍の要人、それに外国の賓客などを自邸に招いて宴会を開くことをたいそう楽しみにしていました。その際招待客を喜ばせ、夫を満足させることに心を砕いたのが孝子夫人でした。

あるとき、三菱各社の幹部を集め、箱根の別邸でゴルフの会を開くことになりました。夫人は、お客様をびっくりさせる贈り物は何かないかと考え、ゴルフボール形の菓子を思いつき、さっそく、日頃菓子を頼んでいた虎屋に作らせることにしました。当日、プレーが終り、一同が宴席に着くと、それぞれにゴルフボールの箱が置いてあります。当時ボールは大変高価なものでしたから皆大喜び。ところが蓋を開《あ》けると、菓子だったので大笑いになり、宴は大成功だったということでした。

岩崎小弥太（三菱史料館蔵）

ところで、注文を受けた虎屋では、かなり苦労をしたようです。十五代店主の黒川武雄によると、当時ゴルフは、店員はもちろん、自身もまったく知らなかったといいます。そのため、孝子夫人からゴルフボールをあずかったときも、「へえこれがゴルフと云ふもの、球かい」と珍しがって皆で撫《な》で回すほどだったとか。ともかく押物《おしもの》（落雁）や羊羹製（こなし）生地で作ってみようと木型を誂《あつら》えることになりましたが、型を起こすのにも難儀をし、ようやく菓子にとりかかる段になっても、一ダース分仕上げるのに一時間以上もかかってしまうというありさまでした。当時のものと思われる木型を見ると珍しい四分割で、きれいなボールのかたちになるように、木型職人が工夫を重ねたことがうかがえます。

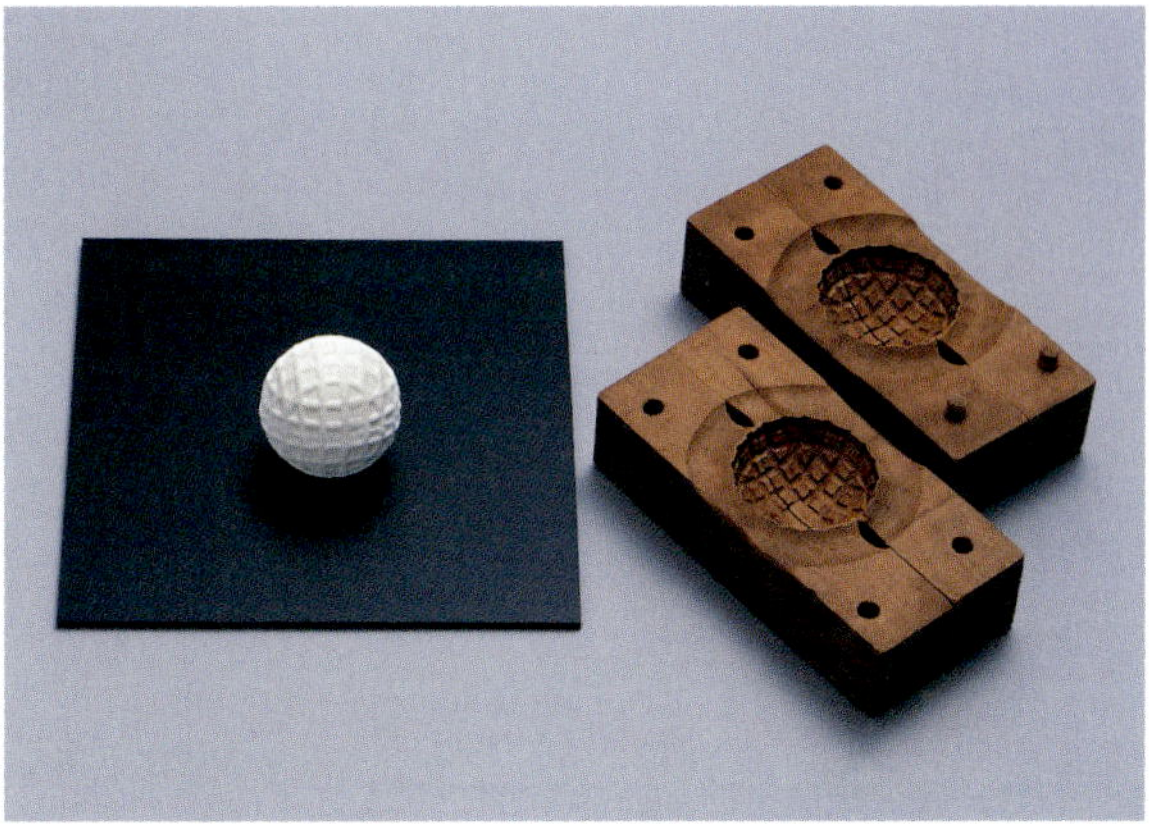

ゴルフボール形の押物と木型

その後、量産用に最中の金型が作られ、「ゴルフ最中」の名で店頭でも販売されるようになりました。昭和九年（一九三四）には、ゴルフの知名度も徐々に上がってきたということで「ホールインワン」の菓銘が付き、現在に至っています。発案者の孝子夫人、そしてお客様をもてなした小弥太も、こんなに息の長い商品になるとは、と驚いていることでしょう。

コラム

# 戦国～安土桃山時代の菓子

## 南蛮《なんばん》菓子《がし》の伝来

戦国の動乱の中、織田信長・豊臣秀吉が天下統一を成し遂げたこの時代、西洋の文化がもたらされたことは画期的な出来事といえるでしょう。そのきっかけは、天文十二年（一五四三）の鉄砲伝来で、以降、南蛮人《なんばんじん》（ポルトガル人・スペイン人）がキリスト教の布教や貿易のために日本を訪れるようになります。交易や布教の拠点であった長崎や平戸、南蛮寺（教会）が設けられた京都などには、日本人と南蛮人が混在していた地域もあり、彼らの食べ物や食習慣も一部では知られていたようです。そのなかには、カステラ・金平糖・有平糖《あるへいとう》・ボーロ・カルメラ・鶏卵素麺（玉子素麺）といった南蛮菓子も含まれていました。こうした菓子は、宣教師が布教や貿易の許可を得る折にも積極的に用いられます。

「南蛮屏風」（右隻）（神戸市立博物館蔵）

当時の日本の菓子事情を知る上で参考になる

のが、ポルトガル人宣教師による日本語習得のための辞書、『日葡辞書《にっぽじしょ》』（一六〇三）です。同書には、「Quaxi《（菓子）》」として、「果実、特に食後の果物を言う」と見え、この時代も「菓子」はおもに果物をさす言葉であったことがわかります。餅や団子、羊羹や饅頭、煎餅といった、現在の菓子に通じるものもいくつか掲載されていますが、砂糖が輸入品で、たやすく手に入るものではなかった事情を考えると、甘みはさほど付けられていなかったと想像できます。それに比べ、砂糖や卵を多く使う南蛮菓子は今までにないおいしさから、日本人の興味をひいたことでしょう。南蛮菓子は九州を中心に日本でも次第に作られるようになり、カステラや金平糖などは、日本人の嗜好にあうよう、改良が加えられ定着していきます。

鶏卵素麺の原形
ポルトガルのFios de Ovos

## 茶会や御成《おなり》の菓子

室町時代に禅宗寺院や武家を中心に広まった茶の湯は、村田珠光《むらたじゅこう》・武野紹鷗《たけのじょうおう》の侘茶《わびちゃ》の精神を受けついだ千利休（216頁）によって大成されます。戦国時代末〜江戸時代前期にかけての茶会記、『松屋会記《まつやかいき》』を見ると、栗・胡桃・柿・蜜《み》柑《かん》といった木の実や果物に加え、葛餅・栗粉《くりこ》餅ほか餅類、煎餅・羊羹・饅頭、調理された昆布や蛸《たこ》、茸《きのこ》類が「菓子」として出されたことがわかります。四季折々の風物をかたどった、現在の茶席の菓子とは印象が違うもので、多くは、客を招く亭主の手作りでした。

なお、御成《おなり》（宮家や将軍などの貴人が大名などの屋敷を訪ね、もてなしを受ける儀礼）に代表される、武家社会での饗応の献立記録も、当時の菓子を知る上で貴重な史料といえます（54頁）。菓子は複数種用意され、茶会の菓子と同じような果物や調理物ほか、饅頭・羊羹などが見られますが、饗応とはいえ、今の感覚では地味な菓子が多かったようです。

## 幻の南蛮菓子

南蛮菓子のなかには、日本に定着しなかったものもあります。一六〇〇年前後の成立と考えられる『南蛮料理書』から、いくつか紹介しましょう(1)。

こすくらん（Coscorão）小麦粉生地を油で揚げ、蜜をかけた菓子。かりんとうに似ています。

けさちいな（Queijada）卵の黄身を使った餡を小麦粉生地で包んだ焼菓子。ポルトガルではチーズケーキのようなものです。

はるていす（Farte）砂糖を練り、煎《い》った大麦の粉・胡椒《こしょう》・肉桂《にっけい》を加えて丸め、小麦粉生地で包み、焼いた菓子。「Farte」にはアーモンド菓子の意味もあります。

ひりょうす（Filhós）米の粉に卵を加えて練り、揚げた菓子。のちに豆腐料理に変化し、関西では飛龍頭《ひりょうず》（関東でいうがんもどき）として親しまれています。

はすていら（Pastel）一種のミートパイ。「Pastel」はパイをさします。

(1)（　）内にポルトガルでの原形と思われる菓子を追記。

# 第4章

# 徳川将軍をめぐる人々

# 徳川家康《とくがわいえやす》と嘉定菓子《かじょうがし》
## ――甘くて苦い敗戦

六月十六日は「和菓子の日」。昭和五十四年（一九七九）、全国和菓子協会によって決められたもので、旧暦のこの日、嘉定（嘉祥）という、菓子を食べて厄除け招福を願う行事があったことにちなんでいます。嘉定の起源は諸説ありますが、室町時代には行われており、江戸時代になると幕府、朝廷を中心に民間にも広まりました。嘉定を重んじたのが江戸幕府の初代将軍、徳川家康（一五四二～一六一六）。きっかけは、家康が甲斐《かい》（山梨県）の武田信玄《たけだしんげん》を相手とした元亀三年（一五七二）の三方ケ原《みかたがはら》（静岡県）の戦いだといいます。

江戸幕府の御用菓子屋、大久保主水《おおくぼもんど》の由緒を記した「嘉定私記《かじょうしき》」（一八一一八序）によると、三方ケ原の戦いの前、戦勝祈願の場で、家康は嘉定通宝《かじょうつうほう》を拾ったそうです。これは中国南宋の嘉定年間（一二〇八～一二四）に鋳造発行された銅銭で、日本でも流通したもの。「嘉定通宝」の嘉通の読みが「勝つ」につながるため、家康は幸先が良いと喜びます。この折、主水の先祖、大久保藤五郎《とうごろう》が六種類の菓子（饅頭・羊羹・鶉焼《うずらやき》・寄水《よりみず》・金飩《きんとん》・あこや）を献上し、家康はそれを家臣たちに配ったとのこと。

徳川家康像　徳川家康生涯唯一の敗戦とされる三方ヶ原の戦い後、屈辱を肝に銘じるため、描かせたといわれる。なお解釈については近年新説も出ている（徳川美術館蔵）

これが佳例となって、大名・旗本らに将軍が菓子を配る嘉定が行われるようになったとされますが、この逸話に関連し、意外な事実があります。なんと家康は三方ヶ原で大敗しているのです。当時三十一歳で血気盛んだった家康は、居城の浜松城に籠《こも》り、時間を稼ぐべきところを出陣し、三方ヶ原で敗れ、命からがら逃げ帰った由。とはいえ、その後は負けなしですので、徳川家にとっては天下取りにつながった合戦という意識もありました。家康は苦い教訓であり、重要な意味をもつこの合戦を忘れないようにと、そのときの自分の姿を描かせ、つねに近くにおいたそうです（前頁）。菓子を配ったことも同様の理由で重視し、嘉定の行事を盛大に行うようになったとも考えられます。

幕府の嘉定菓子

　現存史料で家康が嘉定を行ったことがわかるのは慶長十年（一六〇五）の伏見城（京都府）と（『鹿苑日録』）、同十七年の駿府《すんぷ》城（静岡県）においてで、後者では「珍菓」が山のごとく積まれたといいます（『駿府記』）。どちらもすでに天下人としてゆるぎない地位にあった時期ですが、苦労人の家康のこと、菓子を楽しみながらも三方ヶ原のときの肖像画をながめて、自らの慢心を戒めたとも想像できそうです。

コラム

# 盛大だった江戸幕府の嘉定

初代将軍徳川家康以降、嘉定は徐々に体裁が整えられ、菓子を配る盛大な行事になります。五代将軍綱吉治世の宝永六年（一七〇九）には、江戸城の大広間に饅頭・羊羹・鶉焼・寄水・金飩・あこや・熨斗《のし》・麩の八種類が用意されました（「江戸幕府日記」）。この日、御三家を除く大名、旗本は江戸城に登城し、将軍から菓子を賜りますが、江戸にいる大名、旗本のほとんど全員が集まるので、菓子の数は二万個以上。江戸城の大広間に片木盆《へぎぼん》に載せて敷き詰められた様子は、さぞかし壮観だったことでしょう。

明治時代になって嘉定は廃れましたが、六月十六日が和菓子の日として蘇ったこともあり、近年、歴史ドラマや江戸時代の幕府関係の展示で、紹介されることも多くなりました。

「千代田之御表　六月十六日嘉祥ノ図」

## 山科言経《やましなときつね》と揚げ饅頭
### ──恩人のおもてなしには好物を

公家といえば優雅な宮廷貴族のイメージがありますが、京都も戦場となった戦国時代には、そうのんきに構えてもいられませんでした。山科言経（一五四三〜一六一一）も戦国の世を生き抜いた公家の一人で、事情は不明ながら四十〜五十代の十三年半にわたって朝廷から追放され、浪々の身で過ごしました。その時期に助けてくれたのが、のちに江戸幕府初代将軍となる徳川家康。言経は装束の故実に精通しており、参内ほか宮中行事などに出席する機会が増えた家康のアドバイザーとして雇ってもらうことになったのです。

言経の日記『言経卿記《ときつねきょうき》』を見ると、家康が京都にいるあいだ、毎日のようにこの恩人の屋敷を訪れていたことがわかります。家康邸には武家・公家を問わず多くの人々が集っており、能・囲碁・中国古典の講釈などの会が催されていました。言経も同席し、合間に出される酒や肴、菓子を楽しんでいます。文禄四年（一五九五）十一月十九日の日記には、家康が体調を崩していたにもかかわら

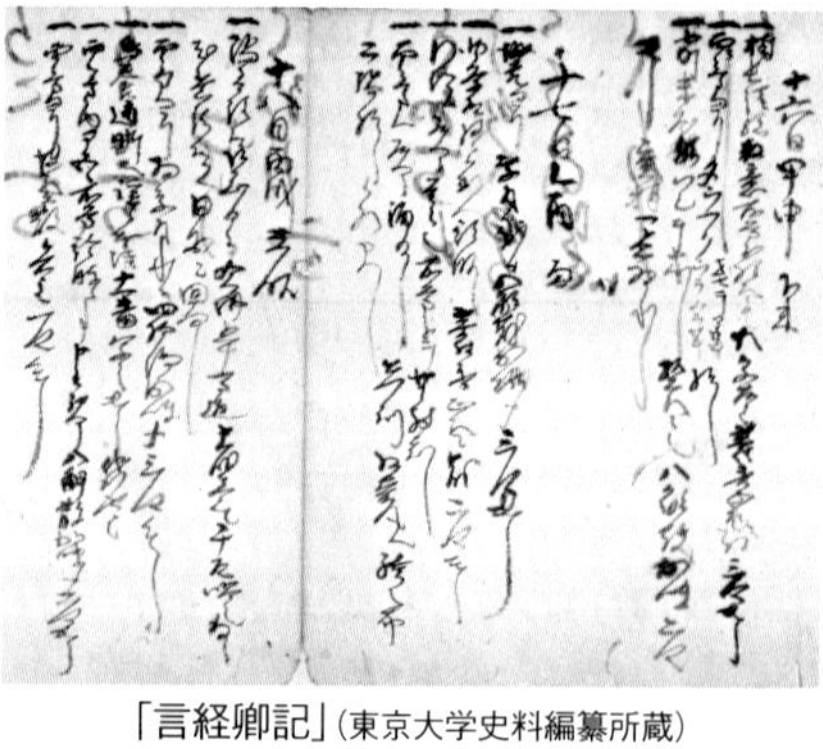
「言経卿記」(東京大学史料編纂所蔵)

ず面会を許された上、同行した義兄の冷泉為満《れいぜいためみつ》が作った猿の操り人形を見せたところ大いに気に入られ、饅頭と「蕨ノ餅」をご馳走になったとの記述があり、非常に近しい関係にあったことがうかがえます。

ちなみに、二人の長い付き合いのなかで、一度だけ家康が言経の屋敷を訪ねたことがあります。家康がいいだしたのか、言経が招いたのか、詳細はわかりませんが、山科家では数日前から障子や床を直したり、義兄に茶道具や屏風を借りたりと準備に大忙し。訪問当日には、義姉から「マンチウ・同油アケマンチウ・キントン・茶子・油物(1)」が届けられており、揚げ饅頭などの揚げ物があることが注目されます。

揚げ饅頭

家康は、天ぷらの食べ過ぎで亡くなったとの説があるほど、晩年、揚げ物を好んだようです。健康に気を遣い、食生活も節制して長寿を保ったといわれる家康ですが、五十歳を過ぎたこの頃には、好きなものは我慢せず食べるようになっていたのかもしれません。言経もそれを知っていて、義姉に頼んで揚げ饅頭を用意してもらったのでしょうか。恩人を喜ばせようとする心配りだったのかもしれません。

(1)『日葡辞書』では単に「揚げ物」とされているが、饅頭やきんとんと並んでいることから、ここでは何らかの揚げ菓子と考えられる。

## 春日局《かすがのつぼね》と御譜代餅《ごふだいもち》
### ――病気平癒の願いを込めて

春日局（一五七九～一六四三）は、三代将軍徳川家光《いえみつ》の乳母《うば》として江戸城大奥の権力を握り、幕政にも影響力をもった女性です。家光が、弟国松《くにまつ》（のちの忠長《ただなが》）との争いを制して将軍になれたのは、春日局が大御所家康に直訴《じきそ》したためともいわれます。その春日局にまつわる菓子のエピソードを二つご紹介しましょう。

ある夜外出先から戻った春日局は、すでに閉門していた平川門《ひらかわ》（江戸城の門の一つ）を通ろうとしました。〝本丸の目付《めつけ》の許可がないから開《あ》けられない〟という門番の頭《かしら》に、〝私は春日です〟と名乗ったところ、〝春日であろうが天照大神《あまてらすおおみかみ》であろうが許可がなくては通せません〟とつっぱねられ、結局「二時《ふたとき》」（四時間ほど）たってようやく許可が出たのか、通ることができたのです。本丸に戻った局が事の顛末《てんまつ》を家光に話すと、〝門の出入りは厳重にするよう申しつけているからそういうことも

春日局（東京大学史料編纂所蔵）

あるだろう〟と笑われました。局も将軍の城を守る門番の気概に感心し、翌日平川門の門番へ菓子を贈り、日頃の労をねぎらったといいます。

もう一つは、江戸時代後期の大奥で毎月女中にくだされた、「御譜代餅[1]」という玄米《げんまい》餅にまつわる逸話です。家康の時代から、毎月恒例の鷹狩《たかがり》では強飯《こわめし》を蒸して供の者たちに与え、狩に出なかったときも大奥を含め城内に配りましたが、局は保存上の理由からか、これを餅に改めたといいます。あるとき家光が病に臥《ふ》せっていたため、この餅が配られないことがありました。鷹狩どころではないので無駄になると思ったという役人に対し、局は怒って〝神君家康以来作り続けているのに、止めるのは不吉な例になります。そもそもこの餅は皆々の糧《かて》になるので無駄ではありません〟といって必ず作るよう命じました。男性役人を叱りつける剛毅《ごうき》な一面とともに、わが子同然の将軍家光が病に臥すなか、恒例の餅を作り続けることで、その快復を願う心情もうかがえます。

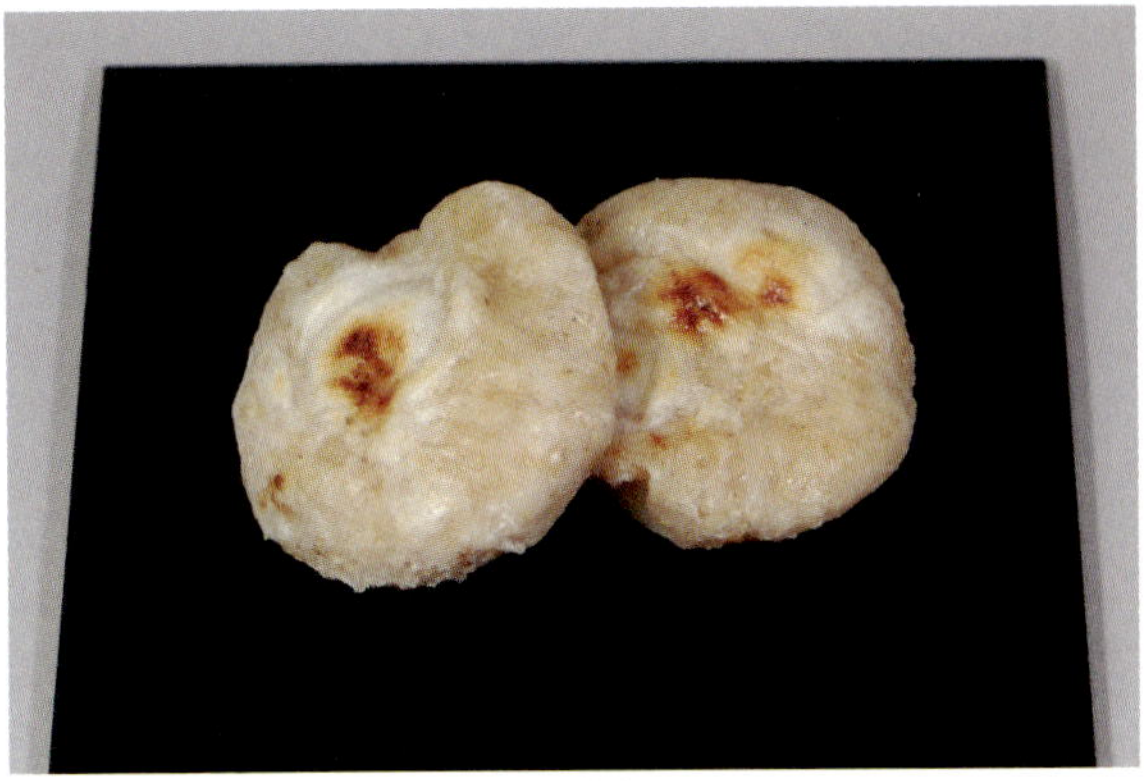

御譜代餅

(1) 名前の由来は不明だが、「御譜代餅」を拝領したことのある八戸藩(青森県)では、初代の家康以来、代々の将軍の食べる米を用い、苗代に撒くと豊作になることからその名が付いたとしている(『八戸藩史料』)。

# 徳川綱吉《とくがわつなよし》と麻地飴《あさじあめ》

## ——滋養に富む胡麻《ごま》の菓子

五代将軍徳川綱吉（一六四六〜一七〇九）の名を聞くと、「犬公方《いぬくぼう》」の渾名《あだな》が思い浮かぶのではないでしょうか。犬ほか、牛・馬・鳥を過剰に保護する生類憐《しょうるいあわれ》みの令によって、不評を買ったことが有名です。

悪政のイメージがあるものの、綱吉在職中には商品経済が発展し、上方《かみがた》を中心に活気ある元禄文化が花開き、食生活も豊かになっていきました。白砂糖を使った高価な菓子が様々に作られ、贈答にもよく使われています。その一例にもなるのが、元禄十年（一六九七）十月十六日、京都から江戸城本丸に届けられた虎屋の菓子の記録です。用途や贈り主は不明ですが、江戸の将軍綱吉に贈られたのでしょう。二段の桐箱で、上段には有平糖《あるへいとう》と考えられる藤袴《ふじばかま》と遅桜《おそざくら》、南蛮飴に金平糖、源氏榧《げんじかや》（榧の実の砂糖がけで紅白にしたもの）、下段には麻地飴（求肥《ぎゅうひ》生地に炒《い》った白胡麻を付けたもの）、南京飴（青きな粉をまぶした求肥か）が詰められました（左頁）。旅程を考慮して、干菓子や半生菓子など、日保ちのするものが選ばれたのでしょう。

徳川綱吉（徳川美術館蔵）

ここで取り上げたいのは麻地飴。胡麻にちなんで「麻」の字を使ったと思われますが、「浅茅」（丈の短い茅のこと）「浅路」などの表記もありました。江戸時代にはかなり知られていたようで、本草《ほんぞう》書《しょ》の『本朝食鑑《ほんちょうしょっかん》』（一六九七）の記述から、江戸では、京都製のものが手に入っただけでなく、江戸製のものが「官《かん》家《け》」（幕府や大名家など）で用いられていたことがわかります。

武家が好む格式ある菓子だったのでしょうか。なお、同時代の虎屋の史料には、徳島藩主の蜂《はち》須《す》賀《か》綱矩《つなのり》にたびたび納めた記録があり、[1]気に入られていたことが想像できます。

江戸城本丸に届けられた菓子　左の箱右側が麻地飴

江戸時代後期には、滑稽本『浮世床《うきよどこ》』（一八一三〜二三）に「麻芽餅」（麻地飴に同じ）が見えるように、庶民にも広まりますが、いつのまにか姿を消しました。胡麻に覆われた求肥生地は、かみしめるほどに香ばしく、現代の日本人の嗜好にもあうもの。由緒もあり、滋養に富む胡麻の菓子ですので、注目されればと思わずにはいられません。

（1）幕末には宮中の「嘉祥菓子」としても納めている。現在ではおもに六月十六日の「和菓子の日」用にお作りしている。

# 徳川吉宗《とくがわよしむね》と安倍川餅《あべかわもち》・桜餅

## ——人気の菓子の裏話

徳川吉宗（東京大学史料編纂所蔵）

「暴れん坊将軍」として時代劇でもお馴染みの徳川吉宗（一六八四〜一七五一）は、徳川御三家の紀州（和歌山県）藩主の三男として誕生しました。もともと政治の表舞台に立つ望みはありませんでしたが、兄たちの死によって思いがけず紀州藩主、のちに八代将軍の座につきます。享保の改革を断行して幕府を立て直したのはよく知られるところ。幕府中興の名君として語りつがれる将軍といえるでしょう。

さて、吉宗には好物の菓子があったことが、江戸町奉行を務めた根岸鎮衛《ねぎしやすもり》の随筆『耳嚢《みみぶくろ》』（一七八四〜一八一四）によってわかります。それは何かというと安倍川餅（166頁）。きな粉をまぶした餅として知られますが、本来は東海道の名物で、駿府《すんぷ》（静岡県）の安倍川付近の茶店で作られていました。吉宗は藩主時代に参勤交代《さんきんこうたい》などで、この名物を賞味する機会も多かったのでしょうか。〝安倍川餅のような餅は東海道でほかにはない〟とほめており、将軍になってからは、駿河国《するがのくに》出身の家臣、古郡孫太夫が作る安倍川餅を楽しみにしていました。孫太夫は〝富士川の雪水で育てたもち米がおいしさを生む〟と考え、駿河からもち米十俵を取り寄せ、安倍川餅を作って献上していたそうです。「殊之外御称美《ことのほか》ありし」の記述から、とても喜ばれたことがうかがえます。味の決め手になりそうなきな粉についてはなぜか触れられていませんが、特製のもち米を使っているので、餅自体が天下一品だったことは確かでしょう。享保の改革で徹底した倹約を強いた吉宗は、自らも食生活の贅沢を戒め、一日二食、一汁三菜を守ったといいますが、この安倍川餅だけは、主君を思う家臣の気持ちを思いやって味わったのではないでしょうか。

桜餅

なお、吉宗は当時高価な輸入品だった白砂糖の国産化を目指し、諸藩に砂糖黍《さとうきび》の苗を配り、江戸城の吹上御庭《ふきあげおにわ》や、浜御殿でも栽培に努めたといい、製糖業の発展にも寄与しています。また、江戸の庶民に憩《いこ》いの場があればと、今日《こんにち》いう広場や公園造りにも取り組みました。享保二年（一七一七）、隅田川《すみだがわ》東岸の向島《むこうじま》の川堤に桜の木を植えるよう命じ、桜の名所を造ったのもその一例。結果、花見客でにぎわうこの地で、桜葉を利用した向島長命寺《ちょうめいじ》の桜餅が生まれ、人気を集めたことはよく知られます。その後全国各地に広まり、日本の名菓になったことを思うと、吉宗は、和菓子文化に貢献したともいえるでしょう。

# 和宮《かずのみや》と月見《つきみ》饅頭

## ――六月の不思議な月見

仁孝《にんこう》天皇の第八皇女和宮（一八四六～七七）は、幕末から明治維新の激動の時代を生きた女性です。公武合体《こうぶがったい》政策、つまりは政略結婚によって、すでに許婚《いいなずけ》がいたにもかかわらず十四代将軍徳川家茂《いえもち》へ嫁ぐことを強いられました。結婚後の夫婦仲は良かったものの、わずか四年で死別。微妙な立場に立たされながらも、幕府崩壊後の徳川家存続のため、朝廷に嘆願するなど奔走しています。処遇を見届けたあとの明治十年（一八七七）、療養のため訪れていた箱根塔《とう》ノ沢《さわ》で三十一年間の波乱の生涯を閉じました。

虎屋には、降嫁前の和宮に関する注文記録が残っています。万延元年（一八六〇）六月十六日の「御月見御用」です。月見といっても、六月ですから中秋《ちゅうしゅう》の名月を愛《め》でるわけではありません。当時の宮中や公家社会

皇女和宮婚礼（青梅きもの博物館蔵）

では、その年に数えで十六歳を迎える若者が、六月十六日の深夜（午前一〜三時頃）、萩の箸で饅頭の中心に穴を開《あ》け、そこから月を覗き見る習わしがありました。現在の私たちからすればなんとも不思議な儀式に感じられますが、今でいう成人式のようなものだったのです。

注文内容は儀式に使う月見饅頭一個のほか、水仙饅頭(1)百個、大焼饅頭二百個、椿餅三十個など。大量に注文された饅頭は周囲の人びとに配るためのものです。月見饅頭の大きさは定かではありませんが、さかのぼって元禄四年（一六九一）の公家の日記（『基量卿記《もとかずきょうき》』）に、直径七寸（約二十一cm）と書かれた例があるので、和宮が手に取った饅頭も大きなものだったかもしれません。また、穴を開ける目安として、中央に赤い丸の印を付けた例が多いので、このときも同様だったと思われます。

実は、和宮はこの儀式のとき、現在の年齢でいうと十四歳になったばかり(2)。降嫁が決定したのは同年八月、翌年には京都を離れて江戸へ嫁ぐことになります。六月は兄である孝明《こうめい》天皇が幕府の申し入れを拒否していた頃で、少なからず将来に不安を感じていたことでしょう。月見の儀という晴れがましい行事の主役でありながら、複雑な思いで饅頭の穴から月を覗き見る和宮の姿が想像されます。

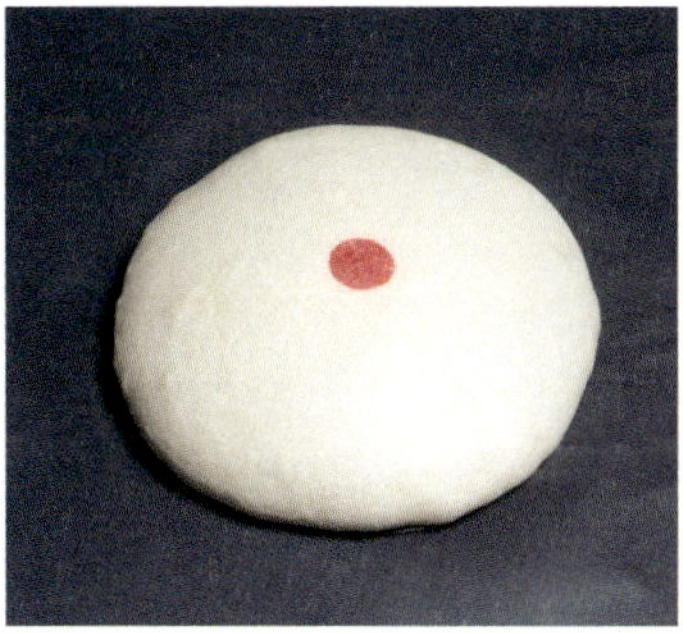

月見饅頭

（1）葛粉を使った生地で餡を包んだもの。
（2）和宮が生まれた弘化三年（一八四六）は縁起が悪いとされる丙午（ひのえうま）だったため、前年生まれとしていた。

# 天璋院《てんしょういん》と陣中見舞いの菓子

## ——家茂・和宮の親代わりとして

天璋院（尚古集成館蔵）

幕末の動乱期、短期間に将軍交代が続いたこともあり、実質的に江戸城の主《あるじ》の立場にあったのが、十三代将軍徳川家定《いえさだ》の正室だった天璋院（篤姫《あつひめ》、一八三六〜八三）です。

もともと天璋院は、のちに幕府を滅ぼすことになる鹿児島藩島津《しまづ》家の出身で、関白《かんぱく》近衛《このえ》基熙《もとひろ》の養女という格式で将軍に嫁ぎました。しかし、二人の結婚生活は長くは続かず、一年半ほどで家定は没してしまいます。ついで後ろ盾だった島津斉彬《なりあきら》もこの世を去り、帰る場所を失った天璋院は、十四代将軍家茂の義理の母として、大奥を取り仕切っていくことになります。嫁姑の関係になる家茂の正室、和宮とは対立することも多かったといわれますが、家茂や徳川家を大切に思う気持ちは共通していたようです。

おやつの時間には、天璋院が和宮へ菓子を贈ることもあったといい、交流を深めています。和宮は干菓子（落雁や有平糖《あるへいとう》）をもらったら蒸菓子（饅頭や羊羹、生菓子）を、蒸菓子が届いたら干菓子をお返しにしたのだそうです。[1]

また、家茂が長州攻めのため大坂城に滞在していた時期には、二人は江戸から何度も菓子を送っています。慶応二年（一八六六）五月には和宮はカステラと落雁など、天璋院は猩々羹《しょうじょうかん》・難波羊羹・唐《とう》饅頭を届けました。猩々羹は想像上の動物、猩々を思わせる赤い羊羹でしょうか。また、難波羊羹は難波羹（浪華羹）のことと思われます。江戸時代後期の『守貞謾稿《もりさだまんこう》』では、難波羹は砂糖の分量が少ない煉羊羹としていますが、羊羹の名店、船橋屋織《ふなばしやおり》江《え》（71頁）では水羊羹をこの名でも呼んだそうです。唐饅頭は、小麦粉と卵を使った生地を金枠などに流して、餡を入れて焼いたものが考えられます。[2] 大の甘いもの好きだったという家茂にとっては、何よりの陣中見舞いだったことでしょう。

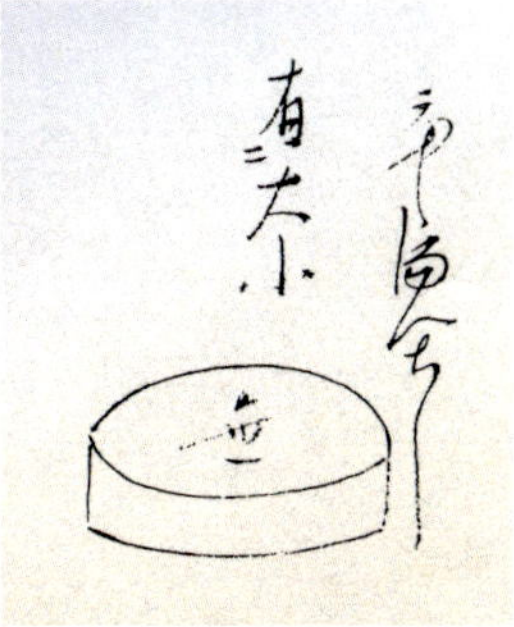

幕府御用を務めた金沢丹後の唐饅頭 『金沢丹後江戸菓子文様』（青蛙房、1966年）より

虎屋の明治時代頃の見本帳に見える唐饅頭

程なく家茂は大坂城で没してしまいますが、その後も天璋院は和宮とともに徳川家のために尽くしています。明治維新後は、和宮が髪をおろして家茂の菩提《ぼだい》を弔ったのに対して、天璋院は幼い当主家達《いえさと》を見事に育て上げ、徳川宗家を守り続けました。

（1）菓子は「御春屋（おつきや）」と呼ばれる江戸城内の製菓所や、御用菓子屋の大久保主水・長谷川織江・金沢丹後などで作られたと考えられる。

（2）唐饅頭には現在宇和島など愛媛県で作られている、薄い焼菓子タイプもある。

コラム

# 江戸時代の菓子

## 上《じょう》菓《が》子《し》の誕生

戦国の世が終わると江戸に幕府がおかれ、「鎖国」体制のもと、平和な時代が長く続きます。商品経済の発展、交通網の整備、オランダ・中国との交易による砂糖の流通量の増大を背景に、様々な菓子が作られるようになりますが、なかでも元禄文化の開花した京都を中心に上菓子が広まったことは特記事項といえるでしょう。上菓子とは白砂糖を使った上等な菓子のことで、今日の上生菓子に通じるもの。四季折々の風物をモチーフにした意匠や、「秋の野」「浜千鳥」などの花鳥風月の美を思わせる文学的な菓銘が特徴として挙げられます。その誕生には、見立てを楽しみ、茶碗や茶入れなどの茶道具に『古今和歌集』の歌にちなむ銘を付けるといった、茶の湯の美意識の影響が見逃せません。また、江戸時代初めの朝廷でおこった古典文芸復興の動きも関連があるといえます。

京都の上菓子は、宮中・幕府・大名や富裕な上層町人のあいだでもてはやされ、贈答や茶会に用いられました。参勤交代で江戸と国元を往復する大名らが上菓子の伝播に貢献する例もあり、たとえば、永青文庫蔵『町在』に

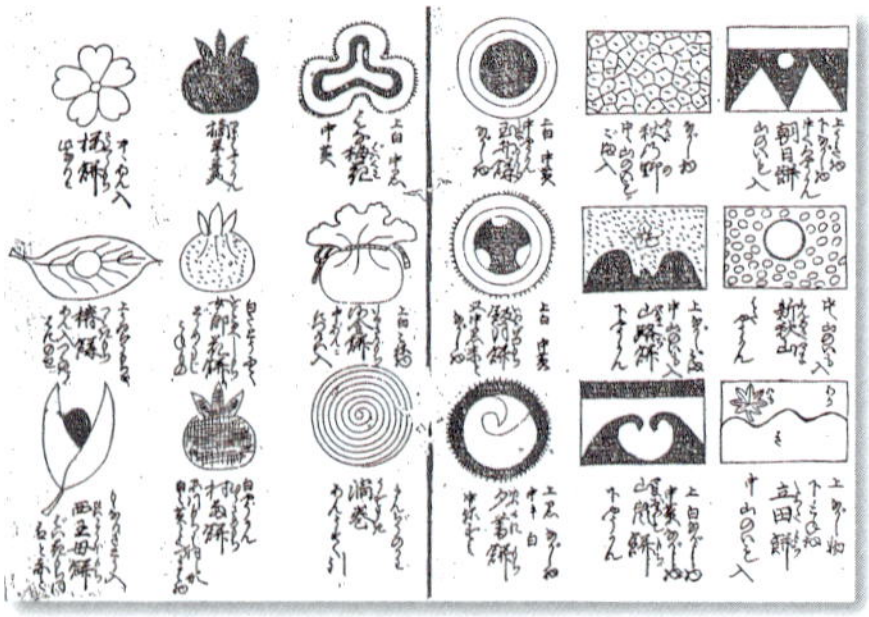

上菓子の絵が見える
『男重宝記』(1693)(吉田コレクション)

よれば、熊本藩主細川綱利《ほそかわつなとし》は、虎屋の職人を呼び寄せ、藩の御用菓子屋に京菓子の製法を伝授させています。

上菓子屋のなかには、公家や大名家、寺社と結びつき、「御用菓子屋」と称するものもありました。京都では禁裏御用の川端道喜《かわばたどうき》・二口屋《ふたくちや》能登《のと》（20頁）・松屋山城《まつややましろ》（現松屋常盤《ときわ》）・虎屋近江《とらやおうみ》（現虎屋）、江戸では幕府御用の大久保主水《おおくぼもんと》・金沢丹《かなざわたん》後《ご》・宇都《うつの》（津）宮内匠《みやたくみ》などが知られます。こうした菓子屋は、天皇の即位や行幸《ぎょうこう》、幕府の盛大な儀式や接待の際などに、莫大な注文を受けていました。

菓子と井籠《せいろう》
井籠とは菓子を入れて運ぶお通い箱のこと。上菓子はこうした井籠で、御所や幕府ほか、公家や大名のもとに届けられることもあった

## 庶民に人気の菓子あれこれ

八代将軍徳川吉宗の時代に砂《さ》糖黍《とうきび》の国内栽培が奨励されたこともあり、江戸時代後期にはあらゆる階層が砂糖を使った多様な菓子に親しむようになります。たとえば、庶民のあいだでは、長命寺《ちょうめいじ》の桜餅（126頁）、両国の幾世《いくよ》餅（136頁）、浅草の米《よね》饅頭（144頁）、目黒不動尊の三官飴《さんがんあめ》などの名物菓子や、今日おなじみの金《きん》鍔《つば》・大福が人気を得ました。雛祭りに雛菓子、端午《たんご》の節句に粽《ちまき》や柏餅、お彼岸にはおはぎ（牡丹餅）ほか、年中行事の折に菓子を食べる習慣も民間に定着していきます。

人口の多い都市部では、餅菓子や汁粉などが屋台で売られ、派手な扮装と面白おかしい歌で客を呼ぶ飴売りの芸は話題となり、歌舞伎の舞踊にも取り入れられました。

「浮世年中行事皐月」（吉田コレクション）

　また、参勤交代の制度に関連して街道が整備されたことによって旅が身近になり、旅人相手に菓子を出す茶店が増えてきました。東海道では府中（静岡県）の安倍川餅（166頁）や日坂《にっさか》（静岡県）の蕨餅（162頁）、草津（滋賀県）の姥《うば》が餅（26頁）が代表でしょう。これらは口伝えで評判が広まっただけでなく、当時の旅の案内書や旅日記でも紹介され、知名度が高まっていきます。

　享保三年（一七一八）に版本としては初の菓子製法書『古今名物御前菓子秘伝抄《ここんめいぶつごぜんかしひでんしょう》』が出版されたことも、菓子作りの技術が広まっていくきっかけになります（182頁）。

　なお、画期的な出来事として、寛政年間（一七八九～一八〇二）頃、江戸で寒天を使った煉羊羹が考案されたことが挙げられます。江戸本町の「紅粉や志津磨（紅谷志津摩）」（『嬉遊笑覧』）、あるいは日本橋の喜太郎（『北越雪譜』）が売り出したとされ、それまでの蒸羊羹にくらべ、なめらかな食感、日保ちの良さなどから、贈答品としても好まれました。

# 第5章

# 江戸の楽しみ

# 大岡忠相《おおおかただすけ》と幾世餅《いくよもち》

## ――元祖争いを解決した名判決

時代劇「大岡越前《おおおかえちぜん》」で広く知られる大岡忠相（一六七七〜一七五一）。八代将軍徳川吉宗《よしむね》に仕え、多くの要職を務めた人物です。享保二年（一七一七）には江戸町奉行に抜擢《ばってき》され、任期は約二十年の長きにわたっています。江戸の治安を守るだけでなく、裁判や民生に関してなど幅広い権限をもつ江戸町奉行は、現在でいえば、東京都知事、警視総監および裁判所の長官といったところでしょう。忠相の場合、関東地方の農政や幕府の財政にも深くかかわっており、有能で吉宗からの信頼も厚かったことがわかります。

さて、同じく名奉行として知られた根岸鎮衛《ねぎしやすもり》の随筆『耳嚢《みみぶくろ》』（一七八四〜一八一四）には、忠相が菓子屋の元祖争いにかかわった話が記されています。当時江戸には、米《よね》饅頭（144頁）をはじめ様々な名物菓子がありました。焼いた丸餅の上に餡を載せた幾世餅もその一つ。特に有名だったのが、両国橋「小松屋喜兵衛」の幾世餅です。夫婦二人、もとは橋本町（千代田区東神田）で餅屋を営んでいましたが、毎朝両国橋へ餅を運んで売ったところ大繁盛。そのまま店を構え、餅は吉原の遊女で

大岡忠相（個人蔵）

あった妻のかつての源氏名・幾世にちなんで幾世餅と呼ばれたといいます。江戸の地誌『続江戸《ぞくえど》砂子《すなご》』（一七三五）にも、「両国ばし西の詰　小松屋喜兵衛　餅を一やきざつと焼《やき》て餡《あん》を点《てん》ず、風味《ふうみ》美也《なり》。元禄十七年（一七〇四）のとしはじめてこれを製《せい》す」と名前が挙がっており、方々の店で真似して作られていたことが書かれています。

幾世餅

一方、浅草寺《せんそうじ》境内には、幾世餅の元祖を謳《うた》う「藤屋」がありました。当然、小松屋の人気は面白くなく、商標の独占を大岡越前守に訴え出ました。対して小松屋側は、商品名は妻の源氏名から自然と呼ばれるようになったものだと主張。忠相の判決は、藤屋が元祖であることを認めつつも、小松屋の事情も斟酌《しんしゃく》して、両店が離れた場所に移るべしというものでした。藤屋は四谷内藤新宿《よつやないとうしんじゅく》（新宿区）、小松屋は葛《か》西新宿《さいしんじゅく》（葛飾区）と、どちらも江戸のはずれ、とても商売になりません。結局、示談の上、双方訴えを取り下げました。現実的かつ機転のきいた判決からは、後世芝居やドラマになるのも納得の名裁判官ぶりがうかがえます。

ちなみにこの幾世餅、明治以降は姿を消してしまいました。元祖争いが起きたのも人気ゆえのことと思えば、一度食べてみたかったという気持ちになりますね。

# 紀伊国屋文左衛門《きのくにやぶんざえもん》と饅頭

## ——お大尽《だいじん》の道楽

江戸時代中期の豪商に、江戸八丁堀で材木商を営み、幕府の御用も務めた紀伊国屋文左衛門（?～一七三四）という人物がいました。紀文とも呼ばれ、嵐の中、紀州蜜柑《みかん》を江戸に運んで大もうけしたという伝説で知られます。一説には、そのとき江戸では、十一月八日の「ふいご祭」に使う蜜柑が不足していたのだとか。ふいご祭はお火焚《ひた》き祭とも呼ばれ、鍛冶屋や料理屋・菓子屋など、火を使う商売の人たちの祭です。現在も受けつがれており、もちろん、虎屋でも毎年行っています。江戸時代には、この日、蜜柑を撒《ま》いて子どもたちに拾わせるのが習いでした。今も京都などでは、ふいご祭に、蜜柑やおこし、火焔宝珠《かえんほうじゅ》の焼印を押したお火焚饅頭が用意されることがあります。

一代で巨万の富を築いた文左衛門には、節分のときに枡に豆ではなく小粒金《こつぶきん》を入れて撒いた、というような逸話が数多く伝わります。これらは、文左衛門が財力を誇示することで世間の信用を得、自身の商売を有利に展開するために、宣伝的な要素をもって作られたともいわれますが、なかには饅頭にかかわる逸話も残されています。

紀伊国屋文左衛門
（国立国会図書館蔵）

ある日、文左衛門が吉原《よしわら》で月見を楽しんでいたときのこと。入り口でなにやら騒ぎがします。見れば、巨大な饅頭を載せた台が運び込まれてくるではありませんか。饅頭があまりに大きく、そのままでは通れないために、戸口や階段の手すりを壊していたのです。友人からの贈り物だという話に、人々はびっくりするやら呆《あき》れるやらでしたが、ともかく割ってみると、中には普通の大きさの饅頭がぎっしりと詰まっていました。蒸すための釜や蒸籠《せいろう》まで特別に誂《あつら》えて作らせたというこの巨大饅頭の値段は、一個七十両、今なら数百万円といったところでしょうか。壊した戸口は、一緒にきた大工が数十人がかりであっという間に直していったという手際の良さでした。

現在のお火焚饅頭

この話には後日談があります。文左衛門がその友人の馴染みの遊女のもとを訪れ、座敷に蒔絵《まきえ》の小箱をおきました。それを開《あ》けると、中から豆粒ほどのカニが数百匹もはいだし、座敷中がカニだらけ、遊女や禿《かむろ》（位の高い遊女に仕えた少女）が逃げ惑って、またまた大騒ぎとなりました。そのカニをつかまえてよく見ると、小さな甲羅の一つひとつに、文左衛門の友人と、遊女の紋が金で描かれていたといいます。これがさきの饅頭の御礼というのですから、お大尽の度を越したお金の使い方は、想像を絶するものがあります。

# 笠森《かさもり》お仙《せん》と団子

## ――人気絶頂の看板娘で話題に

いつの世も見目麗《みめうるわ》しいアイドルは存在するもの。江戸時代中期の明和年間（一七六四〜七二）、江戸の三美人といえば、浅草寺《せんそうじ》内の楊枝屋、柳屋《やなぎや》のお藤《ふじ》と浅草二十軒茶屋、蔦屋《つたや》のお芳《よし》、そして今回の主人公、笠森お仙（一七五一〜一八二七）でした。お仙は谷中《やなか》笠森稲荷前の茶屋、鍵屋《かぎや》の娘で年の頃は十七〜八歳。鈴木春信《すずきはるのぶ》の浮世絵に描かれたり、歌舞伎（『怪談月笠森』）や人情本（『笠森のお仙物語』）に取り上げられたり、果ては双六《すごろく》、手拭い、人形まで作られたといいますから、相当な人気です。もともと笠森稲荷は笠森を瘡守《かさもり》と解して、皮膚病を治す神社として信仰されていましたが、お仙目当てもあって連日参拝客が大勢押し寄せたそうです。

ところでお仙の絵に団子が描かれたものがあることをご存じでしょうか。これは笠森稲荷のお供え用で、皮膚病が治るよう願掛けをするときには土の団子を、願いが成就したあとは米の粉の団子を供えたそうです。[1] 川柳にも「目出度さは土の団子が米になり」（『柳多留』）があるように、知名度は高かったのでしょう。

笠森お仙（東京国立博物館蔵）

お仙のことは、狂歌師・戯作者として知られる大田南畝《おおたなんぽ》（一七四九〜一八二三）の作品にも見えます。書名は『売飴土平伝《あめうりどへいでん》』（一七六九）で、江戸市中で歌いながら飴を売った人気の飴売り、土平が主人公ですが、絶世の美女、お仙が紫雲に乗って華麗に登場します。二人は語りあったのち、土平は飴、お仙は団子尽くしの詩を詠むのですから愉快です。菖蒲草《あやめくさ》団子・雪花菜《きらず》（おから）団子・彼岸団子・飛《とび》団子・千団子・十《とお》団子等々、様々な団子が出てくるのを読み、当時の人々は食指を動かしたのではないでしょうか。

紫雲に乗って登場するお仙
『売飴土平伝』（早稲田大学図書館蔵）より

こうして話題になったお仙でしたが、明和七年（一七七〇）、突然鍵屋から姿を消しました。彼女目当てに笠森稲荷にきても、店には頭の毛が薄い老父がいるだけで、「とんだ茶釜が薬缶《やかん》に化けた」という言葉まで流行ったとか。人気者だっただけに様々な憶測が飛び交ったといいますが、実は御庭番《おにわばん》（将軍直属の隠密《おんみつ》）の倉地《くらち》政之介の妻となり、子宝にも恵まれて幸福な生涯を送ったようです。

（1）同様の土の団子と米の団子のお供えは、神奈川県伊勢原市の咳止め地蔵など、ほかにも例がある。

# 恋川春町《こいかわはるまち》と粟餅《あわもち》
## ——ベストセラー誕生

恋川春町（一七四四〜八九）はもともと倉橋格《くらはしいたる》という駿河国《するがのくに》（静岡県）小島《おじま》藩松平家の家臣でした。しかし、三十二歳のとき、画才・文才を生かし、住まいの江戸・小石川春日町《こいしかわかすがちょう》にかけたペンネームで、自画自作の『金々先生栄花夢《きんきんせんせいえいがのゆめ》』（一七七五）を発表し、大評判となります。洒落《しゃれ》と風刺《ふうし》を織り交ぜた大人向けのこの読み物は、従来の子ども向けの赤本《あかほん》などとは異なっており、黄表紙《きびょうし》と呼ばれ、新たなジャンルの作品と見なされました。その後も春町は黄表紙や狂歌《きょうか》を書き続けますが、寛政の改革を風刺した作品により、幕府の怒りを買い、自害したと伝えられます。

『金々先生栄花夢』は、中国の故事「邯鄲《かんたん》の夢」をもとにしています。戦国時代、趙《ちょう》の都の邯鄲で、仙人から不思議な枕を借りた盧生《ろせい》という青年が、栄華をきわめる五十余年の夢を見ますが、覚めてみると、粟がまだ煮えないほどの短い時間であったとのこと。栄枯盛衰《えいこせいすい》のはかなさを物語る内容です。春町の作品では、主人公の金兵衛が、目黒不動尊《めぐろふどうそん》前の粟餅屋で仮寝をし、長い夢を見ます。金持ちの養子になり、遊里《ゆうり》で放蕩《ほうとう》の限りをつくしますが、養家に勘当《かんどう》され、追い出されるところで、

粟餅

粟餅を搗《つ》く杵の音に驚き、目を覚ますという展開。「人間一生のたのしみも、わづかにあわ餅石臼の内のごとし」と悟って、田舎に帰る結末です。

一般に粟餅とは、もち粟を蒸して搗き、餡を包んだり、きな粉を付けたりしたもの。実際、江戸時代には、庶民的な菓子として人気を集めており、作品の舞台となった目黒の粟餅屋も実在の有名な店でした。ひょっとしたら春町は、同店でくつろいでいるときに、創作のヒントを得たのかもしれません。餅を搗く姿や皿に盛られた粟餅の絵も描かれていることから、粟餅屋にとっても良い宣伝になったことでしょう。

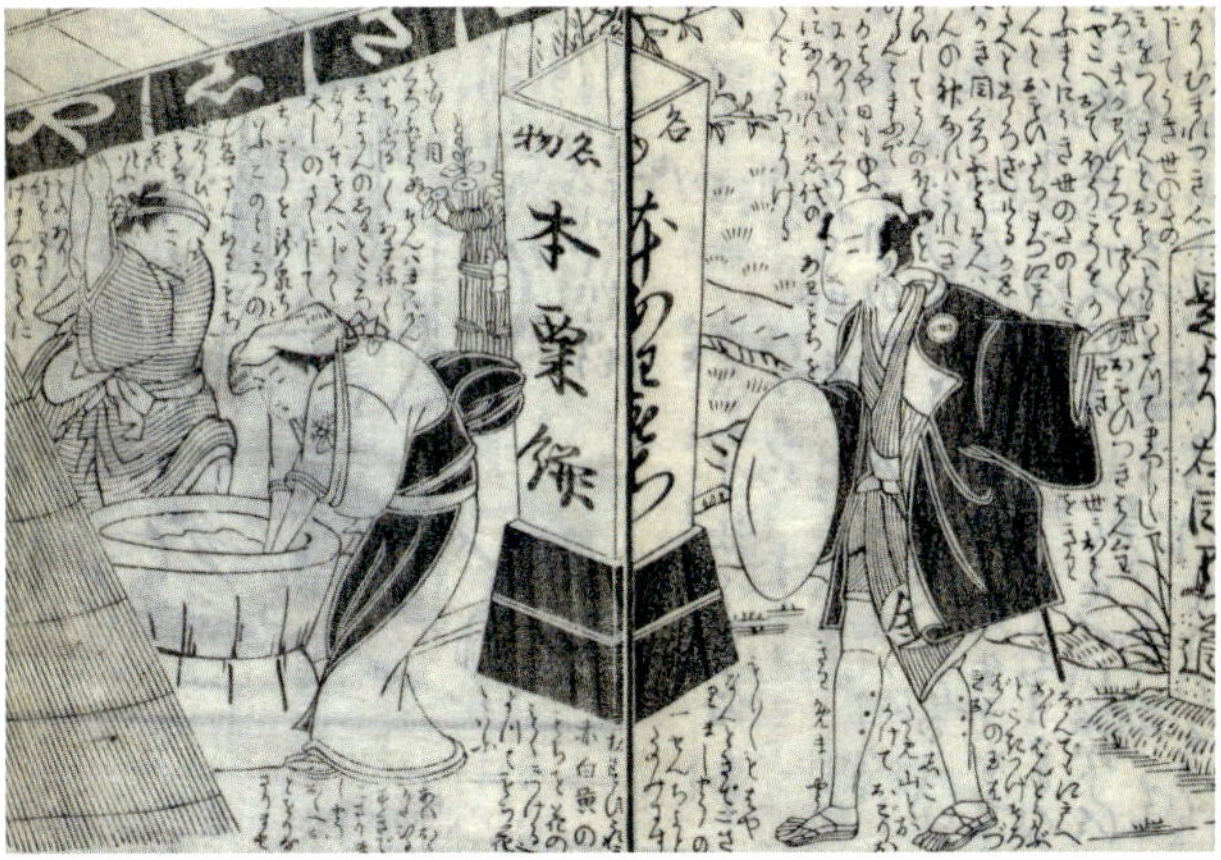

店頭に「本粟餅」の看板が見える
『金々先生栄花夢』（国立国会図書館蔵）より

余談ですが、『続《ぞく》江《え》戸《ど》砂子《すなご》』（一七三五）には、「目黒粟餅　同所の名物也。昔はまことの粟餅なりしが、ちかきほど常の餅を粟のいろに染めたる也」という記述があります。『金々先生栄花夢』の書かれる四十年前、目黒の粟餅は粟色の餅だったようですが、挿絵に「本粟餅」と書いてあるところを見ると、本物の粟を使った餅に戻ったと思われます。

# 山東京伝《さんとうきょうでん》と米《よね》饅頭

## ——デビュー作は、菓子屋の物語

江戸時代前期、浅草の名物として有名だったのが、待乳《まっち》山聖天《やましょうでん》（本龍院）の門前の鶴屋などで売られていた米饅頭です。米粉の生地で餡を包んだもので、『嬉《き》遊笑覧《ゆうしょうらん》』（一八三〇自序）には米粒のかたちとあり、楕円形の餅菓子が想像されます。

その名称は、鶴屋の娘、およねが売り始めたことにちなむとする説や、一般的な小麦粉生地の饅頭ではなく、米（こめ・よね）を使うため、また、「よね」とは遊女の意味など諸説あります。享保年間（一七一六〜三六）頃には姿を消したともいわれますが、安永九年（一七八〇）、二十歳の戯作者・山東京伝（一七六一〜一八一六）が、この菓子を題材にした『米饅頭始《よねまんじゅうのはじまり》』という作品を書いています。

物語は、鶴屋のおよね説を採用したもの。正直屋の若旦那、幸吉《こうきち》が、腰元およねと恋仲になって駆け落ちしますが、暮しに困り、およねは遊女に身を落とします。しかし、信心する待乳山の聖天様のご利益で幸吉の勘当が解けて、およねは無事に身請けされ、待乳山のふもとに鶴屋という饅頭

米饅頭の辻売り図
『吉原恋の道引』（国立国会図書館蔵）より

の店を出すというあらすじです。この作品が処女作となる京伝ですが、ヒロインは、馴染みの吉原の遊女がモデルともいわれ、苦労を重ねながらもハッピーエンドを迎える幸吉に、売り出し中の自らを重ねていたのではないでしょうか。

やがて京伝は人気作家となり、『江戸《えど》生艶気樺焼《うまれうわきのかばやき》』（一七八五）、『通言総籬《つうげんそうまがき》』（一七八七）など、世相や風俗を盛り込んだ黄表紙《きびょうし》や洒落本《しゃれぼん》を多く手がけました。ところが、幕府を揶揄《やゆ》した作品は風紀を乱すとして寛政の改革の折、処罰の対象となり、京伝はその後、考証の仕事に没頭していくのでした。

米饅頭

五十歳を過ぎて書いた考証の随筆『骨董集《こっとうしゅう》』（一八一三成立）では、米饅頭について項目を設け、慶安年間（一六四八〜五二）頃、鶴屋のおよねが売り出したという説に疑問を呈しています。延宝六年（一六七八）刊行の『吉原恋《よしわらこい》の道引《みちびき》』に、米饅頭の辻売り（道端に簡単な店を張った商い）の図があることを引き合いに、その頃まで辻売りだったことを指摘。「米」の饅頭であることが名称の由来だろうと述べています。若き日の作品『米饅頭始』を懐かしく読み返し、由来をあらためて知りたくなったのでしょうか。処女作の題材となった菓子だけに、思い入れは、ひとしおだったに違いありません。

# 二代目澤村田之助《さわむらたのすけ》と「みめより」

## ――今も昔も宣伝には人気役者！

四角くした餡の六面に水溶きした小麦粉を付けて鉄板で焼いた金鍔《きんつば》。江戸で生まれた菓子なのですが、当初はその名のとおり刀の鍔をかたどった丸形でした。[1] やがて、四角いタイプの金鍔が、浅草南馬道《みなみうまみち》の菓子屋から「みめより」の名前で売り出されたといいます。[2]『嬉遊笑覧《きゆうしょうらん》』（一八三〇自序）によれば、「餡を常のよりはよく」したものだそうで、見た目は地味ながら味が良いという特徴を、「人はみめよりただ心」（顔の美しさより心の美しさが大切の意）という諺《ことわざ》にかけたうまいネーミングといえるでしょう。さらに、店にはおかめの面を看板として掲げていたともいわれます。

さて、この「みめより」は、歌舞伎にも登場します。文化六年（一八〇九）に江戸の市村座で初演された鶴屋南北《つるやなんぼく》作の「貞操花鳥羽恋塚《みさおのはなとばのこいづか》」の一場面でのこと。何を商っているのか尋ねられた女商人が「陸奥山《みちのくやま》に梅忠《うめただ》がさく」と謎をかけます。「陸奥山」は、『万葉集』の「すめろぎの御代栄えむとあずまなる　陸奥山にこがね花咲く」（大伴家持《おおとものやかもち》）から「金」。「梅忠」は、桃山時代の刀工・鍔工の埋忠明寿《うめただみょうじゅ》から「鍔」。つまり答えは菓子の金鍔です。謎が解けたのち、女商人は舞を所望され、

二代目 澤村田之助
（早稲田大学坪内博士記念演劇博物館蔵）

おかめの面をつけ「みめより」という長唄で踊ります。

庶民の娯楽だった歌舞伎には、流行物や新商品が台詞などに登場することがしばしばあり、この長唄にも「ふうみ《（風味）》馬道、召せやれ、いへつと（土産）によい」と馬道の店のことが織り込まれています。おかめの面も同店にちなんだ趣向でしょう。

みめより

この女商人を演じたのは、京都から江戸にくだってきた美貌の女形、二代目澤村田之助（一七八八〜一八一七）でした。役者である父を早くに亡くし、下積みの苦労を味わいましたが、女形舞踊の大曲「娘道成寺《むすめどうじょうじ》」で頭角を現わし、京坂で評判を集め、江戸にやってきたのです。「みめより」の店の主人が田之助の贔屓《ひいき》だったともいわれ、評判の女形の踊りは、人気タレントを使ったCMといったところでしょうか。田之助ファンがこぞって「みめより」を買い求める姿が想像されます。

（1）江戸時代前期、餡を米粉生地で包んで焼いた銀鍔という菓子が京都にあった。江戸では、米粉を小麦粉にかえ、金鍔（江戸は金貨主体のため、銀を金に変更）と名付けて売った。

（2）後年、「みめより」の名称は使われなくなり、金鍔の名にかわったと考えられる。

# 井関隆子《いせきたかこ》と菓子いろいろ

## ——暮しと記憶

江戸・九段坂下《くだんざかした》に屋敷を構えた旗本の夫人井関隆子（一七八五〜一八四四）は歴史のなかでは無名の一個人ですが、和歌や古典文学に親しんだ教養ある女性でした。彼女が五十六〜六十歳のときの日記が残りますが、綴られる内容は日々の生活だけでなく、思い出話、折々に詠んだ和歌など多岐にわたります。自分の生きた時代を記録する意味もあったのでしょう、菓子についても、古典文学に名の見える結果《かくなわ》や糫餅《まがり》といった唐菓子《とうがし》（38頁）は今では聞かなくなったこと、江戸には紅谷志津《べにやしづ》摩《ま》・鳥飼和泉《とりかいいずみ》・船橋屋織江《ふなばしやおりえ》をはじめ菓子屋の数が多いこと、「きせわた《着せ綿》、しぐれ、うす桜」ほかの雅《みや》びな菓銘があること、桜餅は隅田川《すみだがわ》のほとりで売り出されたのが始まりで、今はほかでも売っていることなどを記しています。

三月三日の節句に用意される草餅については、母子草《ははこぐさ》を使っていたのが今は蓬《よもぎ》になったというけれども、大方は「青き粉もて色つくる也」と記されます（同様の記述は、江戸時代後期の風俗誌である『守《もり》貞謾稿《さだまんこう》』にも見える）。「青き粉」の正体は不明ですが、江戸時代、餅の色をよくするために使われた

草餅

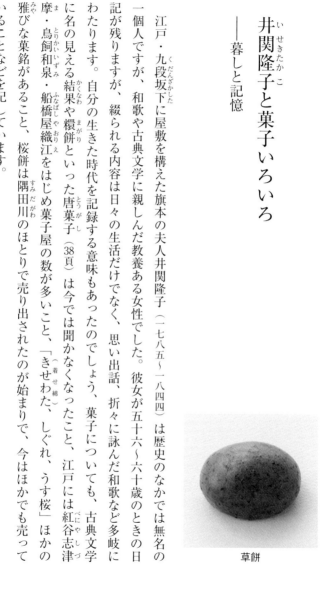

という大葉芥子（高菜の異称か）の粉、あるいは「青粉」と呼ばれた青海苔の可能性もあるでしょうか。母子草や蓬は、その強い香りが厄を祓《はら》う意で使われていたのに、それが形骸化している、という批判的な思いも見え隠れするようです。

また、六月十六日の嘉定《かじょう》（嘉祥とも。菓子を食べて厄除招福を願う。116頁）の記述も興味を引きます。隆子は幕府では嘉定の祝いに「さま〴〵のつくり果物《くだもの》(1)下し給ふ。御奥《おく》おもて皆ひとし」とした上で、民間では「嘉定食《ぐひ》」といって人々が小銭十六枚で好みの食べ物を買い、「物いはず笑はず（口をきかず笑わず）」にまじめくさって食べていると書きとめ、これはいつ始まったか、どういう理由なのかも知れず、「あやしきならはし（習）也」と感想を添えています。少々辛口ではありますが、隆子の鋭い観察眼がうかがえるようです。

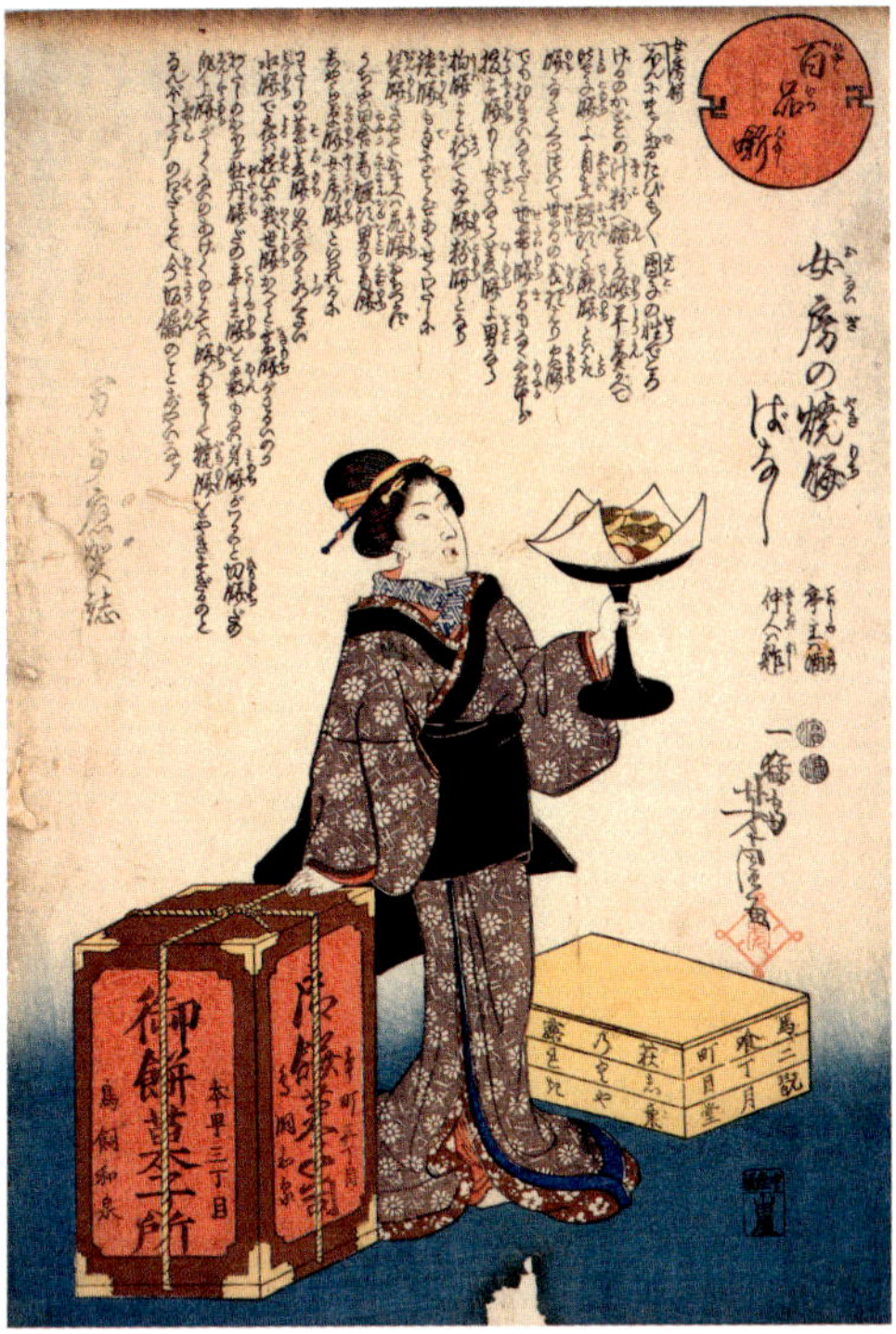

江戸の菓子屋・鳥飼和泉の井籠（菓子を運ぶ器）が見える

（1）「つくり果物」は現在でいう菓子のこと（38頁）。

# 三代目中村仲蔵《なかむらなかぞう》と串団子

## ――名優を喜ばせた江戸前の「四ツざし」

「だんご3兄弟」という童謡が平成十一年（一九九九）に大流行しましたが、串団子といったとき、何個刺しを思い浮かべますか。実は、東京は四つ刺し、関西では五つ刺しが多いといわれます。そもそも江戸時代には江戸も上方《かみがた》も団子は五つ刺しで、一串五文《もん》が相場でした。明和五年（一七六八）に発行された四文銭《しもんせん》が江戸を中心に広まると、現在の百円ショップに相当する四文屋《しもんや》（四文均一で惣菜などを売る屋台店）が登場し、団子も一串四文、数も四個になったといわれています。ちなみに、『甲子夜話《かっしやわ》』（一八二一～四一）には、四文銭を使った詐欺[1]が横行したため、四個で四文にするようになったという話も……。

さて、幕末から明治時代にかけて、老《ふ》け役《やく》や敵役《かたきやく》で評判をとった江戸歌舞伎の名優、三代目中村仲蔵（一八〇九～八六）の日記をもとにした自伝『手前味噌《てまえみそ》』には、団子にまつわる興味深い記述が見えます。嘉永五年（一八五二）二月、大坂での興行中、一緒に舞台に立っていた師匠の四代目中村歌右衛門《うたえもん》が急逝してしまいます。なんとか興行を終えた仲蔵は、歌右衛門の妻から遺骨を託され、

三代目 中村仲蔵
（国立国会図書館蔵）

同月二十四日、故郷へ戻ることになりました。中山道から甲州街道を経由し、三月七日には、大木《おおき》戸《ど》を越えれば江戸に入るという、四谷新町《よつやしんまち》（新宿区）へ。茶店に腰をおろした仲蔵は、四つ刺しの団子を見て、「これまでは団子五ツざしなり。こゝに至って江戸前になりしを嬉しく」思い、「四ツざしの団子尊《(とう)》とき桜かな」と一句ひねっています。

串団子

大坂を旅立った際には、あちこちから餞別《せんべつ》もたっぷりもらったので、「懐はよし、急ぐ道中といふではなし、連れに気兼ねはなし、こんな安心な旅は初めてなれば、思ふまゝ駄句を吐いて見ん」と、のんきなことを綴っていた仲蔵ですが、本音をいえば、敬愛する師匠が亡くなったことでの動揺や将来への不安、遺骨を守っての旅への気負いがなかったはずはありません。そんな旅の終りに出てきた四つ刺しの団子は、まるで旧知の友のようで、張り詰めていた気持ちもやわらいだことでしょう。四谷新町をあとにし、この日の夕暮れ、無事に江戸の宿に着き、ほっと一息。旅の支度をときながら次の句で締めくくっています。

春心山川越して十四日

（1）五文を支払う際、四文銭の下に小さな一文銭を重ねているように見せかけ、実際は四文銭だけを渡すといった手口かと考えられる。

# 酒井《さかい》伴四郎《ばんしろう》と江戸の菓子

## ——食べて作ってご満悦

江戸時代、世界有数の大都市だった江戸の人口は百万を超え、その半分が武士たちでした。旗本・御家人のほか、参勤交代《さんきんこうたい》のため全国からやってきた武士が江戸藩邸で暮らしたのです。

和歌山藩の下級武士、酒井伴四郎（一八三三〜?）もその一人。大老井伊直弼《いいなおすけ》が暗殺された桜田門《さくらだもん》外《がい》の変《へん》からわずか二ヶ月ほどの万延元年（一八六〇）五月、初めての勤番のため江戸にやってきました。妻と娘を国元に残し、赤坂にあった藩邸内の長屋で、叔父と同僚の三人住まいで一年半ほどを過ごしています。

日記を見ると、伴四郎は、「衣紋方《えもんかた》」という藩主の装束をととのえる役を務める一方、余暇の外出も多く、浅草や両国、目黒不動尊といった江戸市中の名所はもちろん、開港まもない横浜にも足をのばすなど、仕事に遊びに忙しい毎日を送っています。食べ物にも目がなく、蕎麦に寿司、鰻・穴子・どじょう・蛤などのほか、隅田川《すみだがわ》の桜餅・浅草の浅草餅・永代橋《えいたいばし》の永代餅（永代団子）と、名物菓子も見逃していません。

おてつ牡丹餅の商標
『紫草』(国立国会図書館蔵)より

なかでも麹町《こうじまち》の名物、おてつ牡丹餅（おはぎ）の店へは、赤坂の藩邸に近いこともあり、何度も食べにいっています。小豆・胡麻《ごま》・きな粉の三色で、団子のように小ぶりだったとか。ちなみに、別の店でおはぎを食べた際、「是（これ）ハ白砂糖制（製）ニ而（て）大ニ甘シ」と述べていることから、いつものおてつ牡丹餅は黒砂糖を使っていたとも考えられます。十月四日には、叔父に誘われたのか「付合ニ喰申候」と、二人で立ち寄っています。実はこの「叔父様」とは日頃からそりが合わず、数日前にも身に覚えのない小銭を返せと言いがかりをつけられ、憤慨したばかり。本当は気が進まなかったのかもしれませんが、好物の牡丹餅を食べて、伴四郎の気も少しは晴れたことでしょう。

「江戸グルメ」を堪能している伴四郎ですが、そこはやはり下級武士。外食ばかりしているわけではありません。長屋では飯炊きは交代制、おかずは自前で用意するのですが、まめな性格で自炊も得意だったようです。十五夜には、出入の商人からもらっておいた白玉粉で団子を作ったところ、「誠能出来皆甘狩候（まことによくできみなうまかりそうろう）」と、出来が良く同僚にも好評だったことから、満足している様子がうかがえます。仲間からも団子が届けられており、団子を贈りあうのが慣例だったのかもしれません。都会生活のなか、故郷と変わらぬ月を、伴四郎はどんな思いで眺めたのでしょう。

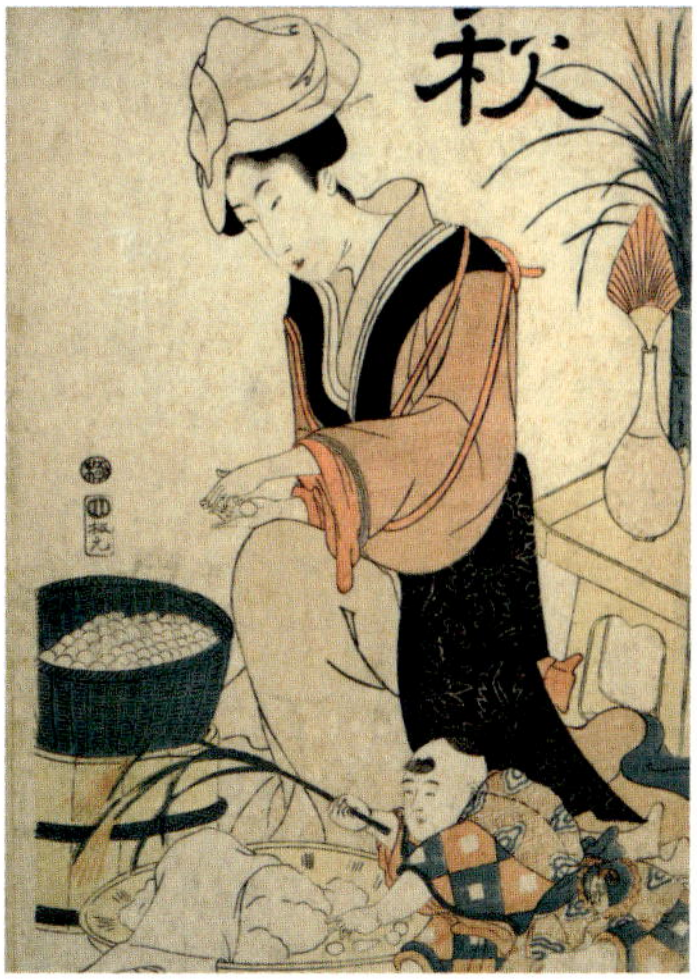


月見団子を作る親子
「秋（月見団子）」（吉田コレクション）

# 仮名垣魯文《かながきろぶん》と船橋屋《ふなばしや》

## ——宣伝広告、お任せあれ

仮名垣魯文（一八二九～九四）は幕末から明治時代にかけての戯作者で、十返舎一九《じっぺんしゃいっく》の『東海道中《とうかいどうちゅう》膝栗毛《ひざくりげ》』に想を得た『西洋道中膝栗毛』などで人気を集めました。のちに『仮名読新聞《かなよみしんぶん》』『いろは新聞』などを主宰し、新聞記者としても活躍しています。

当時の戯作者は小遣い稼ぎに文章を書くことが多くあり、山東京伝《さんとうきょうでん》、式亭三馬《しきていさんば》などの手による引《ひき》札《ふだ》（広告チラシ）が現存します。現在のコピーライター的仕事とでもいうべきでしょうか、洒落をきかせた軽妙な口上は読み手を引きつけ、おおいに商売に貢献したことでしょう。魯文に引札を依頼した菓子屋に、浅草雷神門内の船橋屋（以下、雷門）があります。同店は江戸・深川の名店、船橋屋織江《おりえ》[1]の親戚筋でしたが、同じ名前で店を開き、つぎつぎに支店を構えて、いつか本店と称するようになりました。人気の戯作者であった魯文に文章を依頼することは、雷門にとって大きな宣伝戦略の一つであったと思われます。左頁の画像は魯文が幕末に書いた、菓子の売り出し案内の引札です。主人である「千蔵」が四十年ほど前の春に大坂から出てきて浅草に店を構えた、という来歴や、日

雷門船橋屋の商標

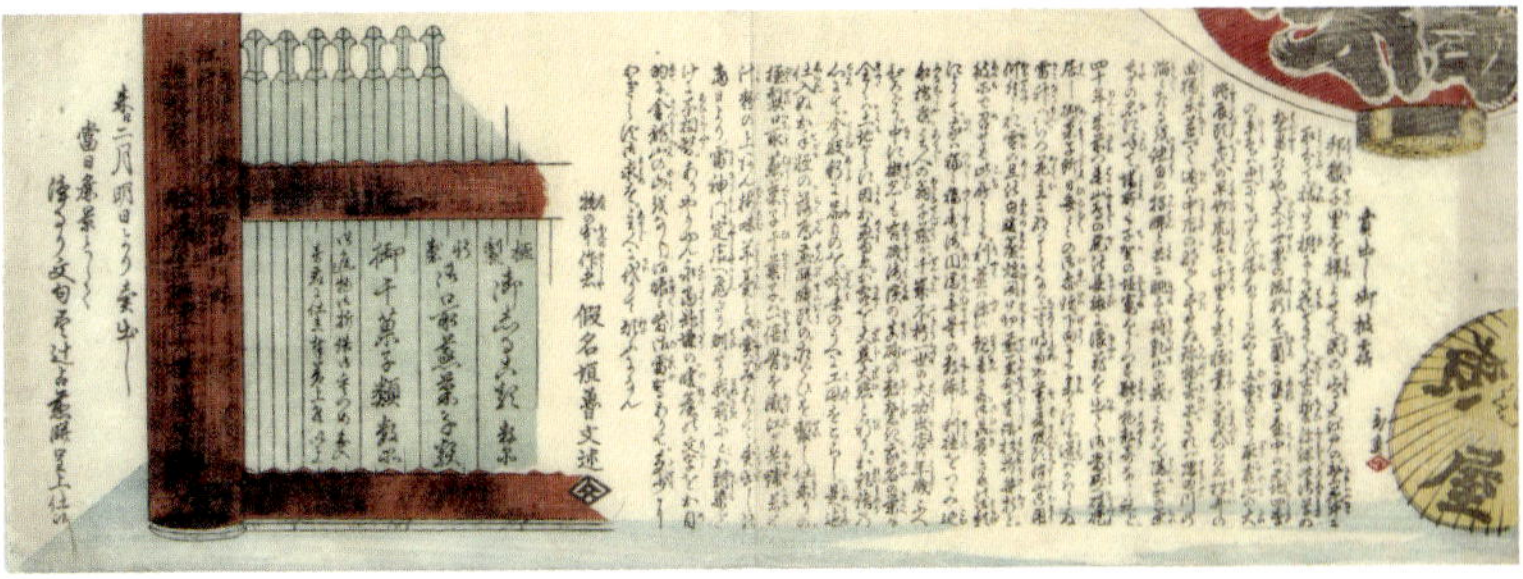

魯文の書いた雷門内船橋屋の引札（吉田コレクション）

頃の客の贔屓《ひいき》への礼を七五調で綴り、新しい菓子を「吟味のうへに工風《くふう》をこらし」作るので、「御賑々敷《にぎにぎしく》ご雷駕《らいが》ありて。多少にかぎらず御求《もとめ》を。主人《あるじ》に代《かハ》りて」願うものだと結んでいます。

雷門と交流のあった文人は式亭三馬をはじめ、ほかにもいましたが、魯文は特にかかわりが深かったようで、出店の引札や、正月に景品として配った双六《すごろく》などにも文を寄せています。また、明治時代になって魯文が発行した『魯文珍報《ろぶんちんぽう》』『風雅新聞《ふうがしんぶん》』などの雑誌の販売所として同店の名前が見えるなど、両者が長く親しくしていたことがうかがえます。

なお、震災や戦災で多くの史料が焼失した東京にあって、雷門の引札は種類も数も非常に多く現存しています。それだけ大量に作られたのでしょう。一方で、金沢丹後《かなざわたんご》や鈴木越後《すずきえちご》といった著名な店の引札はほとんど見られません。これは、固定の得意先があるので、宣伝の必要がなかったせいかもしれません。引札の多くは、新しい店が販路を広げるために使われたといえそうです。

（1）深川の船橋屋織江主人は、江戸時代に刊行された菓子製法書の白眉とも呼ばれる『菓子話船橋』（一八四一）を著したことで知られる（71頁）。

# 淡島寒月《あわしまかんげつ》と辻占《つじうら》
## ——幻の菓子屋

明治から大正時代に活躍した作家、淡島寒月（一八五九～一九二六）は、井原西鶴《いはらさいかく》を再評価したことで知られますが、絵筆をとったり、西洋文化に傾倒したり、あるいは郷土玩具を収集したりと、その関心は一つにとどまることはありませんでした。

寒月の実家は江戸の馬喰町《ばくろちょう》で江戸時代から淡島屋という菓子屋を営んでいました。ここの名物は軽焼《かるやき》で、「病が軽く済む」と疱瘡《ほうそう》（天然痘《てんねんとう》）見舞いに好まれて、店はたいそう繁盛し、寒月も名店の御曹司《おんぞうし》として何不自由なく幼少期を過ごしたといいます。寒月が雑誌に寄せた随筆や講話などをまとめた『梵雲庵雑話《ぼんうんあんざつわ》』（一九三三）には、彼が暮らした町の風俗を書いたものがあり、幾世《いくよ》餅・みめより・桜餅といった、江戸っ子が親しんだ菓子も登場します。特に注目されるのは辻占です。

遠月堂の辻占団扇絵　「明嬉今朝之辻占」

辻占は占いの一種ですが、ここでは占い紙入りの小麦粉煎餅をさします。[1]紙には、恋の行方を暗示した文句のほか、役者の似顔絵を描いたものなど、様々な種類がありました。寒月は、茅町《かやちょう》の遠《えん》月堂《げつどう》、横山町三丁目の望月《もちづき》、切山椒《きりざんしょう》が名物の森田（大伝馬町《おおでんまちょう》の梅花亭《ばいかてい》と思われる）を名店として挙げており、そのうち、遠月堂の辻占の紙を「彩色摺上等のものだった」と書いています。それがどのようなものだったのかを語ってくれるのが、右の錦絵です。

これは宣伝の団扇《うちわ》絵で、歌川豊国《うたがわとよくに》（三代）の作。左側の女性は、遠月堂の辻占煎餅「江戸むらさき」の名と、同店の蛤の商標[2]が貼られた菓子箱を、右側の女性は、二つに折りたたまれた煎餅と役者絵の紙片を持っています（左・拡大図）。豊国は遠月堂の役者絵辻占も描いたといい、前述の「彩色摺上等のもの」とはこの役者絵辻占をさすのでしょう。

惜しまれることですが、遠月堂や淡島屋ほか多くの江戸の菓子屋は、明治時代以降店を閉じていきました。寒月はいろいろな辻占を懐かしく思い起こしながら、文を綴っていったのかもしれません。

（1）このほか、昆布に占い紙を挟んだもの（179頁）、かりんとうや豆の袋に占いの紙を入れたものなどがある。
（2）蛤の商標は「懐溜諸屑」（国立歴史民俗博物館蔵）、遠月堂の引札は東京都立中央図書館の加賀文庫ほかに収蔵されている。

コラム

# 船橋屋の景品商法

バーゲンセールなどに景品を出すのはお馴染みの光景ですが、これは江戸時代にもよくあったようです。江戸の雷神門内船橋屋の例を見てみましょう。

仮名垣魯文《かながきろぶん》が手がけた引札《ひきふだ》（154頁）の文末には「当日麁景として浄るり文句尽辻占煎餅呈上仕候（売り出しの日に景品として、占いの紙の入った煎餅を差上げます）」と書かれています。また、双六《すごろく》には、「御年玉売物に八不仕候」とあり、お正月の配り物にされたことがわかります。人形町の支店を振り出しに、羽二重餅・あられなどの菓子の名が並び、よその店なども通って雷神門内の本店で上がり。遊んでもらいながら商品の宣伝にもなる、なかなかの優れものといえるでしょう。やはり正月に配られたと思われるのが、『船橋屋御年玉福和内《ふくわうち》笑門《わらうかど》新舗《みせ》』という絵本。冒頭には七福神が菓子を買いに登場する新年らしい作りで、同店の名物落雁「福和内《ふくわうち》」を食べると、仏頂面《ぶっちょうづら》のお侍やご隠居もニコニコ顔になるといった筋書きです。幕末、大坂に店を開いたときの景品は団扇《うちわ》で、歌川《うたがわ》豊国《とよくに》の絵に式亭小三馬《しきていこさんば》が文を寄せていました。団扇は身近な実用品として現代でも景品の定番ですが、江戸時代からあるアイデアなのですね。

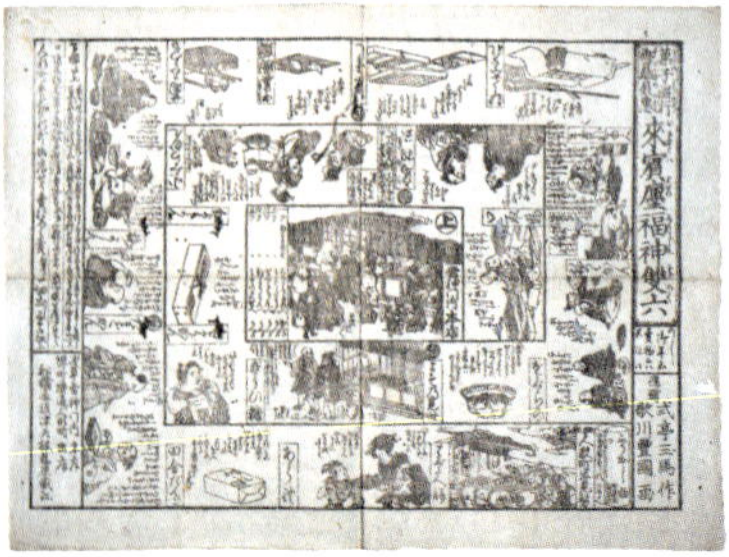
船橋屋の双六

# 第6章

# 旅で出会う

# 紀貫之《きのつらゆき》と糫餅《まがり》
## ——歌人が見た菓子の看板

平安時代の歌人紀貫之（?〜九四五）は若くしてその才を発揮、醍醐《だいご》天皇の命により作られた『古今和歌集《こきんわかしゅう》』では編者を務めて、その名声を不動のものとしました。

延長八年（九三〇）、貫之は土佐守《とさのかみ》に任ぜられます。彼は八十歳近くまで生きたともいわれていますので、当時は六十代前半でしょうか。土佐は流人《るにん》が送られるような辺境の地。付近では、海賊も横行していました。その上赴任中には、醍醐天皇や藤原兼輔《ふじわらのかねすけ》など、彼を支えてきた人々が亡くなるという悲報も続きました。年老いた貫之の心中はいかばかりだったでしょうか。四年後、ようやく任期を終え、帰京する折に記したのが『土佐《とさ》（左）日記《にっき》』です。土佐の人々との別れ、この地で亡くなった娘への哀惜、これから帰る京への思いを、当時女性の文字とされていた仮名で著しました。従来日記といえば男性が記録のために書くものでしたが、和歌を織り込み、虚実を交えて女性の言葉で書いたことが高く評価され、その後の日記文学に大きな影響を与えたといいます。

「土佐日記」 佐多芳郎作（國よし・宮代邦彦氏蔵）より

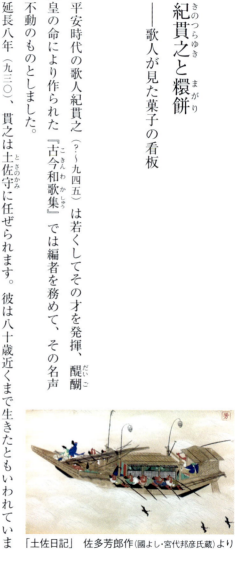

日記の終り近く、京にほど近い山崎の店頭風景について、貫之は「やまざきのこひつのゑもまがりのおほぢのかたもかはらざりけり」と書いています。この解釈には諸説ありますが、「まがりのおほぢのかた」は、糫餅という菓子の看板をさすのではないかともいわれています。

糫餅は、飛鳥〜平安時代に遣唐使《けんとうし》などによって中国からもたらされた唐菓子《とうがし》（38頁）の一つ。漢和辞書『和名類聚抄《わみょうるいじゅしょう》』（九三五以前）には「形如藤葛者也」とあり、藤や葛の蔓のように曲った形だったことがうかがえます。中国伝来の菓子ということからか、唐菓子は、貴族の饗宴など、特別な場で用いられるのがほとんどでした。しかし、京の東と西に設けられた市《いち》に索餅《さくべい》の店がおかれていた記録(1)も残っていることから、交通の要衝だった山崎でも、糫餅を売っていた可能性はありそうです。

糫餅

貫之は山崎の情景を記したあと「うりびとのこゝろをぞしらぬ」と結んでいます。看板は京を発ったときと同じだが、売っている人々の心は昔と同じかどうかわからないということなのでしょう。京へ帰ってきた喜びと、長らく離れていたことへの不安が混ざった気持ちがうかがえます。

（1）『延喜式』巻四十二、東西市司の条。索餅は麦の粉で作ったとされる唐菓子の一種。

# 谷宗牧《たにそうぼく》と蕨餅《わらびもち》

## ――茶屋で人生を振り返る

戦国時代の連歌師《れんがし》、谷宗牧（?～一五四五）は、京都を拠点に諸国をめぐり、各地の大名が開く連歌の会に参加、連歌の指導や古典文学の講釈を行いました。また、朝廷や公家から文書をあずかり、彼らに届ける政治的な役割も果たしました。最晩年の天文十三年（一五四四）九月から翌年三月にかけて書かれた『東国紀行《とうごくきこう》』は、東国（関東）までの旅行記。東国へは、かつて師の宗長《そうちょう》の供をして駿河《するが》（静岡県）まで行ったことがあったのですが、やむをえない事情があって京都に戻っています。今回の旅はそれ以来となり、宗牧にとっては念願かなってのものでした。

当時、宗牧は連歌界の第一人者として知られていたこともあり、行く先々で大変な歓待を受け、盛大な会が催されました。とはいえ戦乱の世のこと。緊張状態にある国境を通る際には、安全のため互いの領国の武士に、送り迎えをしてもらうこともありました。そのようななかでも、熱田《あつた》神宮（愛知県）に参拝したり、熱海《あたみ》（静岡県）で温泉を楽しんだりと旅を満喫したようです。

「東海道五十三次　日坂」（国立国会図書館蔵）

ある日、宗牧は日坂《にっさか》（静岡県）の茶屋で休憩をとります。そこで出されたのが名物の蕨餅。この菓子は、宗長との旅でも食べたようで、感慨もひとしおに「年たけて又くふ（食）べしと思ひきや　蕨もちひ（餅）も命なりけり」と歌を詠んでいます。これは平安時代の西行《さいぎょう》の和歌「年たけて又こゆ（越）べしと思ひきや　いのち（命）なりけりさ（小）夜の中山」（『新古今和歌集』）をもとにしたのでしょう。老境に入った宗牧の思いがうかがえます。

蕨餅

蕨餅は、蕨の根からとれる澱粉《でんぷん》を水で溶き、火にかけて煉って作る菓子で、褐色の生地と鄙《ひな》びた味わいが特徴です。街道の整備によって多くの旅人が往来した江戸時代、日坂の蕨餅が名物として広く知られるようになると、少量しかとれない蕨粉のみで作るのは難しくなったようです。江戸時代初期の儒学者の林羅山《はやしらざん》が記した『丙辰紀行《へいしんきこう》』（一六三八）には、蕨粉と葛粉《くずこ》をあわせた生地を蒸し、塩味のきな粉をかけたとあります。ちなみに、現在も蕨粉は貴重品のため、「わらび餅」と呼ばれる菓子の多くが甘藷《かんしょ》澱粉を用いた「わらび餅粉」で作られています。しかし、なかには本物の蕨粉だけのものもありますので、見かけたら宗牧の旅を思いだしつつ味わってみてはいかがでしょうか。

# 貝原益軒《かいばらえきけん》と「とち餅」「松餅」

## ――他藩になし

本草学《ほんぞうがく》とは、薬や食用となる動植鉱物などの知識を体系的にまとめる学問のことです。貝原益軒（一六三〇～一七一四）は、自宅の庭に野菜や花を栽培するなど、実証的に学問に取り組み、それまで中国伝来の知識に依存していた本草学を日本独自のものとして高めました。そんな益軒と菓子にどんなつながりがあるか、八十五年の生涯で残した著作をひもといてみましょう。

『大和本草《やまとほんぞう》』（一七〇八）に出てくるのは仏手柑《ぶしゅかん》の蜜漬（蜜煮にして砂糖に漬けたもの）。仏手柑は仏様の手のようなかたちをした柑橘類のことで、益軒は生食には向かないが、蜜漬に用いると香りが良いとしています。これは現在でも作られており、味わうことができます。

『筑前国続風土記《ちくぜんのくにぞくふどき》』（一七〇九）は福岡藩士であった益軒のライフワークの一つで、他藩の地誌の模範とされたそうです。全三十巻のうち最後の二冊である「土産考」のなかに当時の名産菓子についての記述が見え、他藩にないものとして、「とち餅」や「松餅」が挙げられています。とち餅は「はいの木」の葉の灰汁《あく》で米を煮て、黄色く染めた菓子で、博多のとち餅屋九右衛門で作られていまし

貝原益軒（国立国会図書館蔵）

た。現在も鹿児島県を中心に作られている「あくまき（灰汁巻）」と似たものだったでしょうか。栃を使わないのに「とち餅」の名が付く理由について、益軒は灰の木を栃と間違えたのだろうとしていますが、灰の木がトチシバとも呼ばれたことに関係する可能性もありそうです。もう一つの松餅は松の皮で作るというかわった菓子。松の皮は飢饉《ききん》の際の救荒食《きゅうこうしょく》として各地で食べられていたようで、秋田県には、松の皮を練り込んだ「松皮餅」が伝わるので、これに類していたかもしれません。

このほか、饅頭については「近年中島町大黒屋善次郎が家に、京都の人来て製す」ものが「尤《もっとも》勝れたり」とあり、京都の菓子の質の高さや、その伝播の一端を伝える記録として興味深いものです。

ちなみに、代表作として知られる『養生訓《ようじょうくん》』（一七一三）には、食後に茶菓子や餅・団子などを食べるのは「分外」であるので過ぎるのは良くない、食べるのであればご飯を減らすようにと記されています。餅・団子・饅頭などは胃の弱い人や老人には勧めないなど、全般に嗜好品の摂取については控えめにと戒めており、「食べ過ぎ注意」が昔からかわらないことを教えてくれます。

とち餅

# 土《つち》御《み》門《かど》泰《やす》邦《くに》と安倍川餅

## ――食いしん坊公家の甘いもの道中記

公家の土御門泰邦（一七一一〜八四）といってもぴんとこないかもしれませんが、安倍晴明《あべのせいめい》の後裔《こうえい》と聞けば「あの陰陽師《おんみょうじ》の！」と思われる方もいるのではないでしょうか。泰邦は先祖同様陰《おん》陽頭《ようのかみ》として天文や暦をつかさどり、宝暦四年（一七五四）には、これまでの暦を改めた宝暦暦《ほうりゃくれき》を作っています。

暦を作ったと聞くと堅苦しい人という印象を受けますが、どうもそうでもないようで、面白い旅行記を残しています。宝暦十年、天皇から将軍にくだった宣旨《せんじ》（任命書のこと）を、勅使とともに京都から江戸に届ける際に記した『東行話説《とうこうのわせつ》』です。

京都を発ったとき泰邦は五十歳、なんと人生初の旅でした。見るもの聞くものすべてが珍しく、それぞれに感想を書いています。とりわけ食べ物については思いが強かったようで、上品な公家とは思えないほどの食欲で、蕎麦切《そばきり》・とろろ汁・栄螺《さざえ》など、その土地の名物を片っぱしから平らげ、

「東海道五十三次之内　府中」（吉田コレクション）

「（桑名で食べた白魚を）さながら鰌《ドヂャウ》の幽霊かとぞ思はるる」などと茶目っ気たっぷりに書いています。菓子では、名物の柏餅（猿《さる》が馬場《ばんば》）、蕨餅（日坂）などを買い求めています。しかし京都で上等な菓子ばかりを口にしていたためか、あまりのまずさに一口で捨ててしまったり、気分が悪くなって薬を飲んだりする始末。期待した割には残念な結果になることが多かったようです。

もちろんおいしく食べたものもありました。安倍川（静岡県）を渡ったところにある茶店で一行は休憩をすることになり、そこで縁高《ふちだか》に盛られた名物の安倍川餅が出されます。安倍川餅といえば誰もが思い浮かべる、きな粉まぶしの餅。泰邦は空腹だったのか、それをぺろりと平らげてしまいます。そして餅と先祖の名前が同じことをかけた、「我為にいしくも名乗あべ川や　豆の粉の餅まめの子の旅」という歌も詠んで、とてもご満悦な様子です。

一行は江戸に到着、無事に目的を果たします。泰邦の道中記は評判を呼んだのか、後年、平賀源内《ひらがげんない》や大田《おおた》南畝《なんぽ》、国学者の小林歌城《おばやしうたぎ》など、学者や文人などによって書き写されていきました。近代以降は活字本にもなり、土御門泰邦という食いしん坊の公家の旅を私たちも楽しむことができます。

安倍川餅

# 滝沢馬琴《たきざわばきん》と大仏餅《だいぶつもち》
## ——美味《うま》い京名物見つけた！

滝沢馬琴（早稲田大学図書館蔵）

『南総里見八犬伝』を代表に、数々の文学作品を生み出した滝沢馬琴（一七六七～一八四八）。作家として名を上げ始めた享和二年（一八〇二）、三十六歳のときに東海道を経て京都と大坂に旅行し、各地の文人たちと交流を深めます。この旅についてまとめたのが『羇旅漫録《きりょまんろく》』で、本文の初めに「遊《ゆう》歴中《れきちゅう》おのが目に珍《めづ》らしとおもへるもの。悉《ことごとく》これをしるす」とあるように、旅先で見聞きした珍しいことを細々《こまごま》と記しています。とりわけ興味深いのは、自身が暮らす江戸との比較をしていることでしょう。たとえば、江戸では田楽《でんがく》や鯉の汁物の味付けに赤味噌を使うのに対し、京都では白味噌を入れるのだが、白味噌は塩気が薄く甘味が強いので、食べられたものではないといっています。いかにも馬琴らしい歯に衣着せぬ書きぶりではありますが、江戸で生まれ育った彼にとっては、相当のカルチャーショックだったことがうかがえます。

京都の菓子についても触れていますが、外郎粽《ういろうちまき》は「黒砂糖製にてよからず」など、やはり辛口の採点が目立ちます。京都といえば、雅《みや》びな菓銘をもち、彩りも美しい上菓子《じょうがし》（132頁）が知られていましたが、「よしといへども価大に尊《たか》し」としています。上菓子は、上等な白砂糖を使っているため大変高価で、庶民にとっては高嶺《たかね》の花でした。馬琴も気軽に食べられるものではないと思ったのでしょう。

方広寺門前、大仏餅屋の店頭　『都名所図会』（国立国会図書館蔵）より

菓子のなかで、唯一気に入ったのが大仏餅でした。馬琴は「江戸の羽二重もちに似て餡をうちにつゝめり。味ひ甚だ佳なり」と、これまでと打ってかわり、満足している様子。大仏餅は京都の方広寺《ほうこうじ》や誓願寺《せいがんじ》の門前で売られ、評判となっていました。『都名所《みやこめいしょ》図会《ずえ》』（一七八〇）や『花洛名勝図会《からくめいしょうずえ》』（一八六二）では、方広寺門前の大仏餅屋が紹介され、多くの客でにぎわうさまが描かれています。羽二重《はぶたえ》餅とは、もち米の粉と砂糖を煉りあげて作ったやわらかな食感の菓子。こうした餅菓子は江戸ではとても人気があり、馬琴もよく食べていたと思われます。好みにあう菓子に出会え、京名物もなかなか！　と馬琴は思ったことでしょう。

# 大田《おおた》南畝《なんぽ》と端午《たんご》の粽《ちまき》

## ――所かわれば菓子かわる

狂歌や黄表紙《きびょうし》、随筆などを多数著した江戸時代の文人・大田南畝（一七四九〜一八二三）は、意外なことに謹厳実直な幕臣でもありました。その優秀さが評価され、文化元年（一八〇四）に長崎奉行所詰として一年間の赴任を命ぜられます。新しい勤務先に期待を抱く一方、五十六歳という年齢に不安を感じ「一たびはよろこび、一たびはうれ《（憂）》ふる心地して」（『細推物理《さいすいぶつり》』）とゆれる気持ちを吐露しています。

南畝は九月に長崎に到着、十月より勤務を始めます。貿易港である長崎は、多くのオランダ船や中国船でにぎわっていました。加えてロシアよりレザノフが通商を求めて来航したこともあり、着任当時、奉行所はてんてこ舞いの状態だったそうです。

多忙を極めたなかでも、南畝は持ち前の記録魔ぶりを発揮、異郷での出来事を書きとめていきました。[1] なかには外国人からもてなしを受けた記述も見られます。唐館《とうかん》（中国人のための居留施設）で、冬瓜《とうがん》や青梅の蜜漬、雲片糕《うんぺんこう》（米の粉と砂糖を使った菓子）、麻棗（胡麻付きの棗《なつめ》）などを振る舞われたこと、

唐あく粽

オランダ船で砂糖入りのコーヒーが出されたことなど。さすがにコーヒーは口に合わなかったのか「焦《コ》げくさくして味ふるに堪ず」といっているのですが……。

また、南畝は長崎の物産や風習も取り上げています。菓子で目を引くのは端午の節句の粽でしょう。「此地にて唐製の粽を贈るものあり。米を布にて包みてむし《（蒸）》、唐アクを加へし也と云。色は黄なり。丸き形を小口ぎりにしたるもの也」として、「二寸余」（約六㎝）と書かれた円形と、「竹乃皮ニテ三角ニツヽムモアリ」と注記された三角形の絵図を添えています。「唐製」とは中国風の意。これは現在も長崎で端午の節句に用意される唐あく粽（長崎粽）のことでしょう。晒《さら》し布で作った袋に唐あく[2]に浸したもち米を詰めて数時間茹《ゆ》でたもので、切り分けてきな粉や砂糖を付けて食べます。

江戸では端午に柏餅を用意する家がほとんどだったため、所かわれば菓子もかわる、と思い書きとめたのでしょう。しかし、南畝はこの頃、任期の折り返しを過ぎ、江戸へ帰りたいという気持ちが強まっていました。珍しい粽を食べつつも、我が家を恋しく思い出していたのかもしれません。

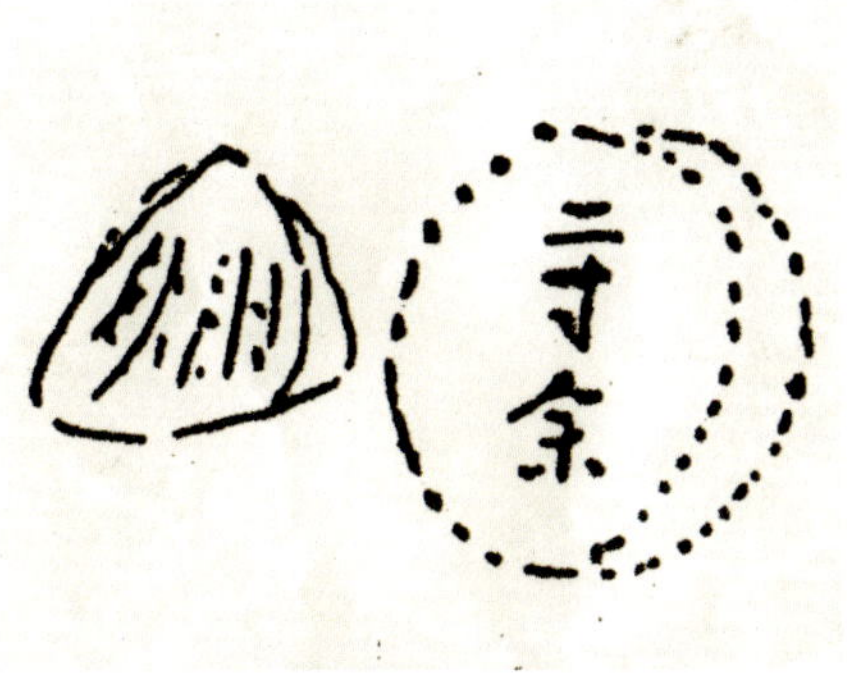

大田南畝が描いた粽の図
『瓊浦雑綴』（内閣文庫蔵）より

（1）『百舌の草茎』『瓊浦雑綴』『瓊浦又綴』の三冊にまとめられた。
（2）生地に独特の弾力や風味をもたらすといわれ、ちゃんぽん麺やワンタン生地などのつなぎにも使われる。

# 屋代《やしろ》弘賢《ひろかた》と雛祭りの菓子
## ——菱餅《ひしもち》を調べてみれば

食べ物をめぐる地域の習慣の違いや特色を知るのは楽しいもので、テレビ番組や雑誌の特集でもよく取り上げられます。意外にも江戸時代、食を含めた地方の風俗習慣についてのアンケート調査を行った国学者がいました。その名は屋代弘賢（一七五八〜一八四二）。神田明神下の幕臣の家に生まれ、幕府の書役《かきやく》、右筆《ゆうひつ》となり、師の塙保己一《はなわほきいち》を助け、古文献の叢書《そうしょ》『群書類従《ぐんしょるいじゅう》』の編纂に携わったほか、『古今要覧稿《ここんようらんこう》』を編集したことで知られます。弘賢が中心になり、各地の友人に頼んで調査を行ったのは、文化十年（一八一三）頃から数年にかけてのことでした。質問は、正月や端午《たんご》の節句といった各月の年中行事について、一三一条の項目からなるもので、『古今要覧稿』の資料収集の一助とする目的があったともいいます。

たとえば、上巳《じょうし》の節句、つまり雛祭りの菓子については、草餅を菱形に切ったもの（菱餅のこと）を用意するか、ほかの例もあるか、草餅に母子草《ははこぐさ》（春の七草の一つ、ゴギョウ）を使うか、といった問いがあります。本来、三月三日は邪気祓《ばら》いの日で、平安時代の頃より、草餅を食べる習わしがあり

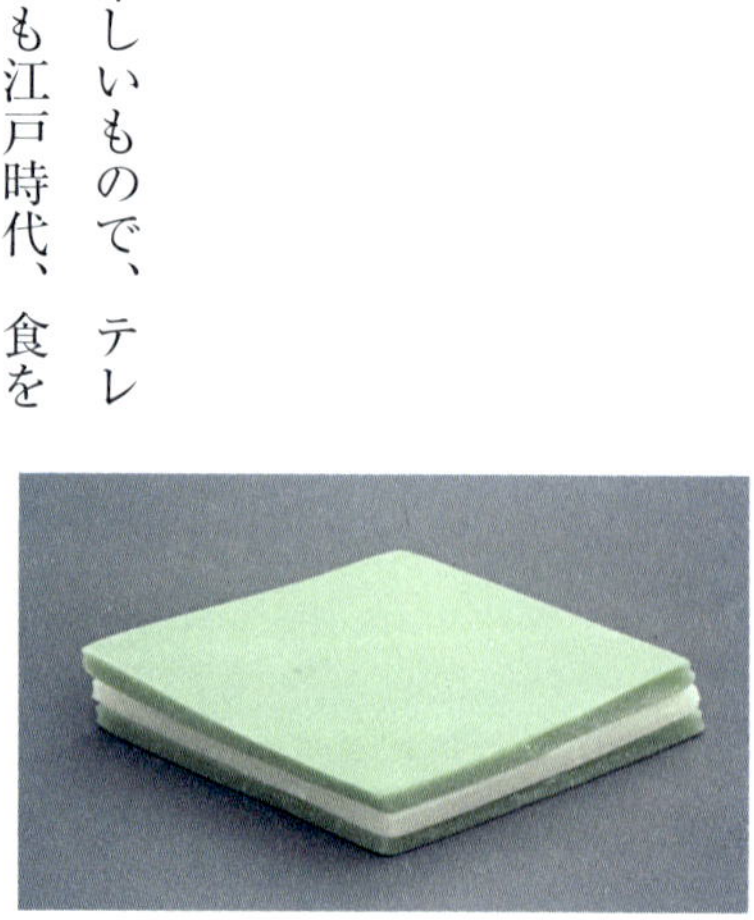

江戸時代の菱餅

ました（82頁）。当初は母子草で作りましたが、母と子を搗《つ》く連想が嫌われたのか、江戸時代には蓬《よもぎ》が一般的になります。雛段に飾る菱餅も草餅を使い、白と緑の組み合わせが主流でした。弘賢らは、文献上、母子草から蓬にかわっていったことを知っていたとはいえ、実際どうなのか確かめたかったのでしょう。結果として、母子草を使わない地域が多いなか、出羽国《でわのくに》（秋田県）秋田領や丹後国《たんごのくに》（京都府）峯山《みねやま》領などでは蓬同様、使用していること、備後国《びんごのくに》（広島県）深津郡本庄《ふかつぐんほんじょう》村では、昔は母子草だったが蓬にかわったことなどがわかりました。このほか、紀伊国和歌山では、青（緑）黄白の菱餅を用意することも明らかになります。

右上に菱餅が見える「源氏十二ヶ月之内　弥生」（部分）

質問事項が多く、書類作成に手間がかかることもあってか、弘賢が期待したほど返事はこなかったようです。しかし、二十通余りの回答は、「風《ふう》俗問状答《ぞくといじょうこたえ》」（諸国風俗問状答）として後年まとまりました。質問の仕方が不十分だったり、返答が大まかだったり、問題点も指摘されますが、アンケート形式で各地の実態を調査した弘賢らの試みは意義深く、同書は各地の食文化を研究する上でも貴重な史料といえるでしょう。

# 名越《なごや》左源太《さげんた》と葛煉《くずね》り
## ——流刑地で手作りのおやつ

葛煉り

幕末、島津家のお家騒動に連座して、奄美大島《あまみおおしま》に島流しにされた薩摩藩士が名越左源太（一八一九～八一）です。左源太は嘉永三年（一八五〇）から、赦免されて鹿児島本土に戻るまでの約五年間を大島の小宿《こしゅく》（鹿児島県奄美市）で過ごしました。滞島中には島の風俗や、アマミノクロウサギ・ヤッコソウといった動植物について多くの絵と文章で記録し、また、文献を集めましたが、これらの史料群はのちに『南島雑話《なんとうざつわ》』と名付けられ、奄美の文化を知る上でのバイブルとなっています。薩摩藩の圧制下にあった島の人々に対し、左源太は当時としては驚くほど誠実に敬意をもって接したようで、ほどなく親しくつきあうようになったことが、彼の日記『遠島録《えんとうろく》』から読み取れます。毎日村人が左源太のもとを訪れ、お茶を飲んで話をしていきました。いただき物や返礼が控えられており、蘇鉄《そてつ》や百合の澱粉《でんぷん》、夜光貝《やこうがい》など島ならではの食べ物が見られるのは興味深いものです。もらった魚を味噌煮にしたり、糠味噌《ぬかみそ》の漬け方を教えたりと、料理が得意だった様子もうかがえます。

意外なことに、菓子を口にする機会も多くありました。小宿に住み始めた当初、人々が毎日のように菓子を持ってきてくれることに対して、もとからそうした風習のある村なのか、自分のためにわざわざ用意してくれているのかわからない、と困惑気味に記しているほどです。また、左源太自身、型菓子《かたがし》（米粉や砂糖を木型で押し固めたもの）や団子などを作ってもいました。

ある日には、来客に葛素麺《くずそうめん》をご馳走しようとしたところ、うまくいかずに葛煉りになってしまったといいます。葛素麺は、江戸時代の料理書によれば、葛粉を湯で溶き、柄杓《ひしゃく》で熱湯に細く流し入れ、固めたものです。うまく素麺状にならずに全部が固まってしまったのでしょうか。あるいは葛煉りのように葛粉に水と砂糖を加えて火にかけ、煉った生地を、薄くのばして切ろうと試みたのかもしれません。熱くて弾力のある葛に手を焼く姿が目に浮かぶようです。失敗を笑いながら来客と食べた葛煉りは、それはそれでおいしかったことでしょう。

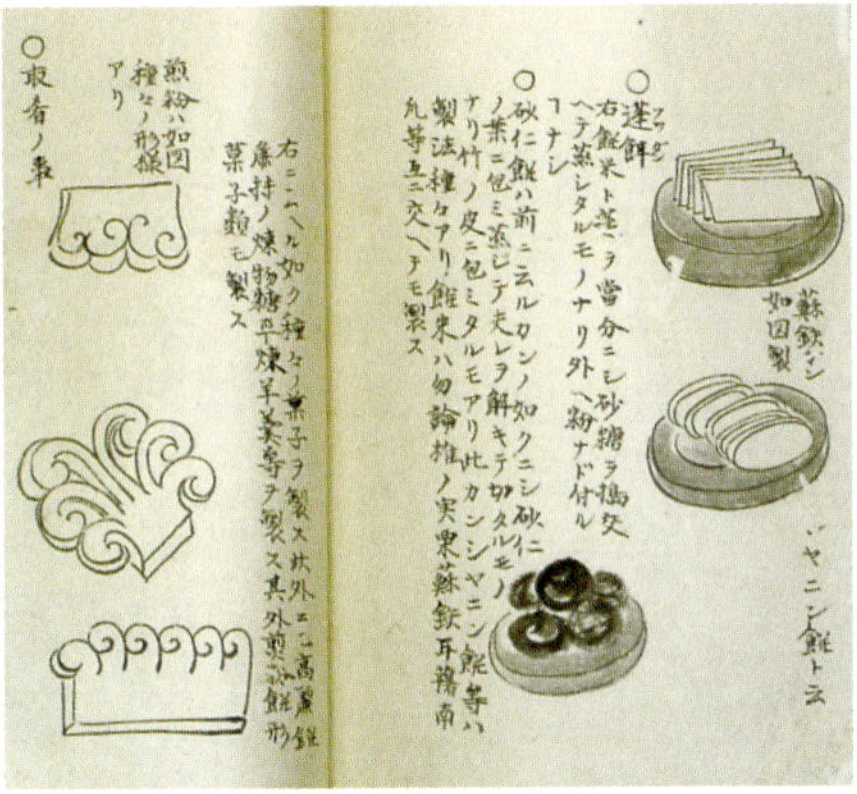
『南島雑話』の菓子の絵（奄美市立奄美博物館蔵）

妻や、幼い子どもたちを残して遠島された鬱屈《うっくつ》をほとんど見せずに暮らした左源太は、島と人々を愛し、帰郷の際、歌をしたためた短冊を部屋に残しました。

別れてもわすれさりけり此宿に
やすくそ住しちち(1)の情けは

（1）「ちち」は宿の亭主を父と呼んだものか、千千（あまた）の意か。

# 内藤繁子《ないとうしげこ》と「くらわんか餅」

## ——船中で談笑

内藤繁子（延岡市内藤記念館蔵）

内藤繁子（一八〇〇～八〇）は幕末の大老井伊《いい》直弼《なおすけ》の実の姉で、延岡《のべおか》（宮崎県）藩主内藤政順《まさより》の正室です。『源氏物語』をすべて書き写し、注釈を加えるなど、文学の素養が豊かだったといいます。

江戸時代、大名の正室は江戸で生活することになっていましたが、文久二年（一八六二）、幕府は規制をゆるめ、国元に住むことを許可します。内藤家でも先代藩主の奥方である繁子を延岡に迎えることにしました。

翌年四月六日に繁子らは江戸藩邸を出発、まずは東海道で大坂を目指し、そこから延岡には船で向かいます。江戸生まれの江戸育ち、六十二歳という年齢からいえば、内心、いくことは不満だったのでしょう。旅日記の題名は『五十三次ねむりの合の手』。駕籠《かご》内で居眠り中、ゆれて壁面に頭をぶつける音を「合いの手」と表現し、本意でない旅だったことを暗に示していると解釈されます[1]。とはいえ日記からは、繁子が街道の名物を味わったり、土産を買ったりと、持ち前の好奇心を発揮してそれなりに楽しんでいた様子がうかがえます。

そのなかからご紹介したいのが、淀川《よどがわ》を船でくだって京都の伏見から大坂までいく途中の、枚方《ひらかた》（大阪府）でのエピソードです。この地は、「酒くらわんか、餅くらわんか」といいながら、淀川を行き来する乗合船にこぎよせる「くらわんか船」が有名。そこで売られる串刺しの餡餅、「くらわんか餅」が旅人に親しまれていました。

くらわんか餅

繁子はどのようなものかと興味津々。くらわんか船の船人は、繁子の乗る船を縄でつなぐと、大声で「餅も酒も早ふくらへ」と汚い言葉づかいで呼びかけてきました。「くらわんか餅」を頼んで一つ食べてみると、「こげくさくいやな匂ひして、あまくもなく、ちゃりちゃりと口中に当たり」で、二つとは食べられぬ代物《しろもの》だったとか。そこで、居眠りをしていた侍女を起こし、餅を食べさせ、感想を聞くと、意外にも「至極おいしい」と答えたので、皆は寝ぼけているのではとからかいます。侍女にとってはおいしい餅だったのでしょう。繁子を中心に和気藹々《わきあいあい》とする一行の姿が想像され、一緒に餅を食べながら旅を楽しみたい気持ちに駆《か》られます。

（1） 後年、江戸に帰るときの日記は『海陸返り咲ことはの手拍子』で、喜びにあふれている。

## 前田利鬯《まえだとしか》と辻占昆布《つじうらこんぶ》

### ――宿での嬉しい出来事

明治の世になると、それまで各地を治めていた藩主は役目を終え、あらたな生き方を見つけていかなければなりませんでした。政治家となったり、銀行を立ち上げたりと、歩んだ道は様々。なかには、地元の人々のために力を尽くした元藩主もいました。大聖寺藩《だいしょうじ》（石川県）を治めていた前田利鬯（一八四二〜一九二〇）もその一人です。

郷里を離れ東京で暮らしていた利鬯は、明治十四年（一八八一）、東北鉄道（現在のＪＲ北陸本線）敷設推進運動のため、本家（旧加賀藩主家）の前田利嗣《としつぐ》とともに帰郷します。その際に記したのが『御帰県日記《ごきけんにっき》』で、金沢や能登半島を精力的に巡回し、地元の人々に協力を呼びかけたことが綴られています。仕事は多忙を極めますが、その合間を縫って趣味の書を揮毫《きごう》したり、あるいは知人宅で開催される茶会に出かけたりもしています。

日記の中で目立つのが食べ物の記述でしょう。帰郷途中、石動《いするぎ》（富山県）では、昼食後に菓子鉢に盛った羊羹が出されます。利鬯はそのあとに出た菓子らしきものも取ろうとしたところで、種を抜

前田利鬯　『華族画報』より

いた西瓜《すいか》であることに気づき「妙趣向ト云ヘシ」と感心をしています。羊羹のようにかたちがととのえられていたのでしょうか。また、本家の前田邸で、黍《きび》団子の上に温めた栗餡をかけたものが出されたときも「美味ニシテ雅品」とほめています。

翌年、利鬯はようやく活動を終えて東京に戻ります。途中、今庄《いまじょう》（福井県）で泊まった宿でのこと。夕食に酒の肴《さかな》として辻占昆布(1)が二つ出され、中の占いの紙を開くと、一つには「花サク時ヲ待ガヨシ」、もう一つには「大願成就スル」とあり、鉄道敷設の願いがきっと叶うと喜びます。宿で出された辻占は、これまで尽力してきた利鬯へのごほうびのようなものだったのかもしれません。

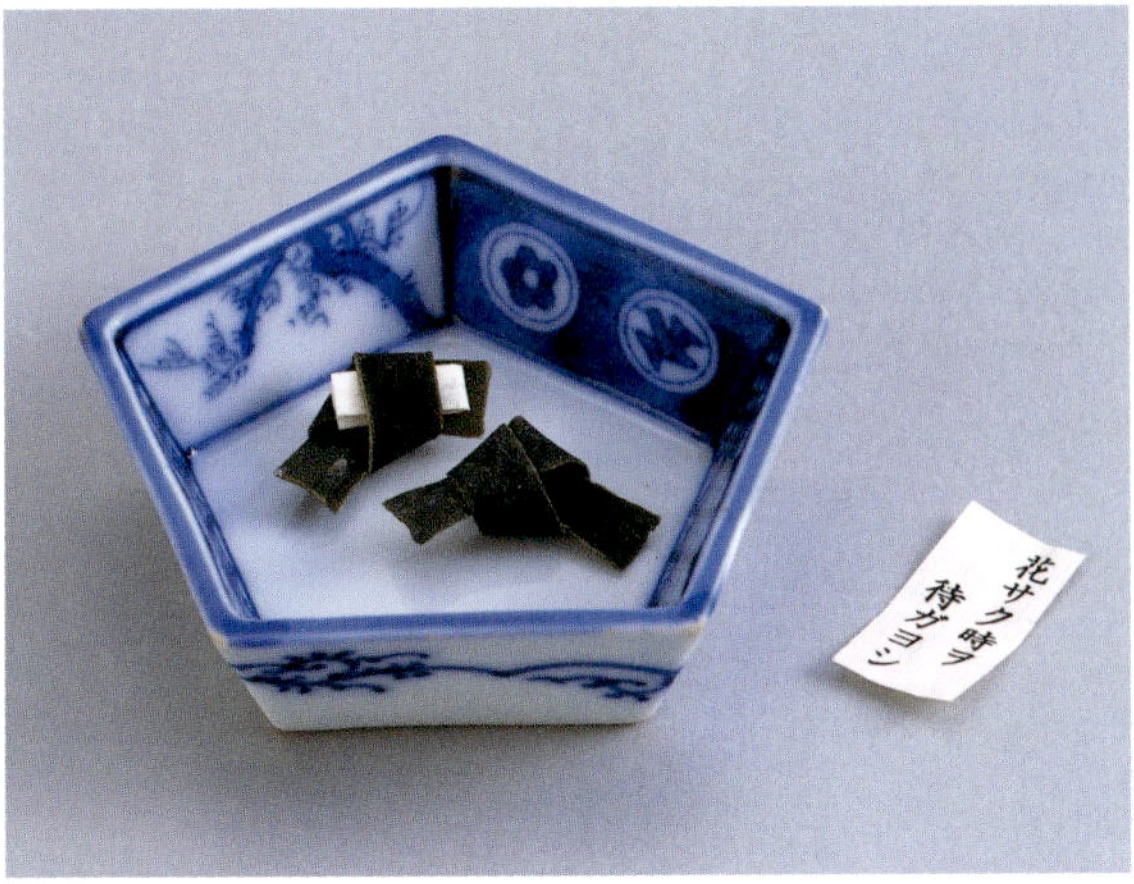

辻占昆布

残念ながら、このときの働きかけでは鉄道敷設に到りませんでしたが、三十一年後の大正二年（一九一三）に北陸本線が全線開通しました。利鬯は今庄の辻占を思い出し、ようやく当たった！と喜んだのではないでしょうか。

（1）　ここでは昆布だが、辻占といえば小麦粉煎餅に占い紙を挟んだものが知られる（157頁）。

# 内田《うちだ》百閒《ひゃっけん》と故郷の菓子

## ——昔の味を偲ぶ

『阿房列車《あほうれっしゃ》』『百鬼園随筆《ひゃっきえんずいひつ》』などに見えるユーモアあふれる独自の文体で、今も多くのファンを魅了する内田百閒（一八八九〜一九七一）。夏目漱石に師事し、敬愛する師の死後は、全集の校閲に心血をそそぎました。わがままで偏屈、日本芸術院会員に推薦されたのを「イヤダカラ」と断ったエピソードは、これぞ百閒といえるでしょうか。

岡山の造り酒屋の息子に生まれたためもあってか酒を好み、随筆の至るところに酒が顔をのぞかせますが、戦時中の昭和十九年（一九四四）、「段段食ベルモノガ無クナツタノデ　セメテ記憶ノ中カラ　ウマイ物　食ベタイ物ノ名前ダケデモ　探シ出シテ見ヨウ」と、延々と食品名だけを列挙した「餓《が》鬼道《きどう》肴蔬《こうそ》目録《もくろく》」という作品を残しているほどの食いしん坊でもありました。その二年後、戦後の食糧難のなかで、『御馳走帖《ごちそうちょう》』という、ある意味皮肉のきいたタイトルの本を発行しているあたりに、彼の性格が垣間見えるようです。これは物資不足のためザラ紙・針金綴の体裁でしたが、現在は、後年の作品を加えたものを文庫本で読むことができます。

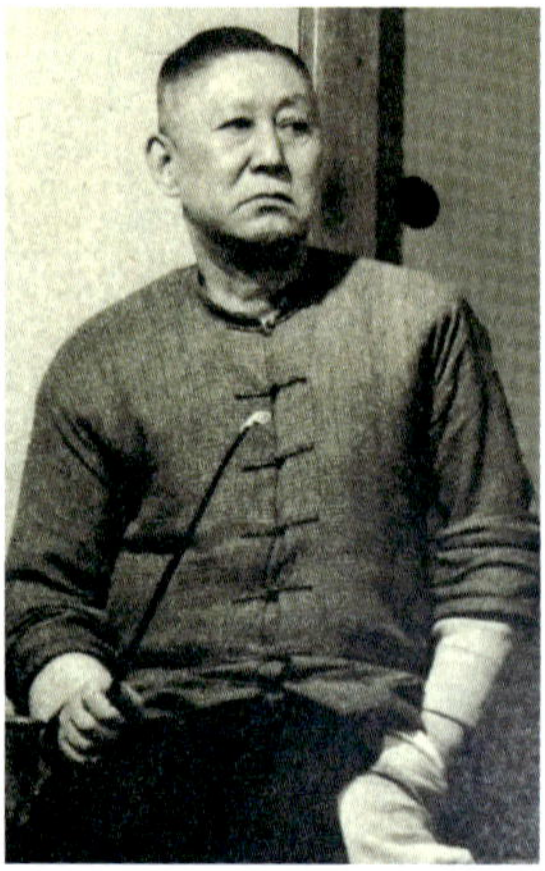
内田百閒

朝食は英字ビスケットとミルクだったといい、甘いものも好みました。紅茶に砂糖を入れない理由として、そうした方が「お菓子も沢山たべられるし」と書いているあたり、なかなかの甘党ぶりではないでしょうか？「窮屈」という掌編は、「私がお菓子を食ふのを見て、あなたは酒飲みの癖に甘い物をたべるのですかと怪しむ客がある」と書き出されます。「菓子は下戸の食する物であるときめるのは窮屈である」として、本当は食べたいのを我慢している人もいるだろうにと、肩をすくめるように綴る百閒は、自分は「左手で杯を持つ事にして、右手があいてゐるから、右手に菓子を摘まむ事にしようかと考へる」のでした。

串刺の吉備団子（廣榮堂）

先の「餓鬼道肴蔬目録」の中にも、かのこ餅・羊羹・シュークリームなど、甘いものの名前が散見されます。書き上げられたのは、第一にいつも食べていたもの、第二に人から贈られて忘れられないもの、第三に昔の味を思い出すもので、三の例として挙げられるのが、岡山市の西にあったという「三門《みかど》ノよもぎ団子」。このほか「大手饅頭」「広栄堂《ママ》ノ串刺吉備団子」など、故郷の菓子が並びます。一見、とぼけたリストのようですが、子どもの頃から馴染んだ味がどんなに懐かしかったか、想像するに余りあります。

コラム

# 江戸時代のレシピ本
# 菓子製法書の世界

　菓子のレシピ本の元祖といえるのが、江戸時代中期、享保三年（一七一八）に刊行された『古今名物御前菓子秘伝抄《ここんめいぶつごぜんかしひでんしょう》』です。飴類や羊羹、饅頭、砂糖がけの菓子などについて、材料や分量、おおよその製造手順が記されており、当時の菓子がどのようなものだったかを知る手がかりとなっています。意匠の挿絵が一部に添えられた『古今名物御前菓子図式《ここんめいぶつごぜんかしずしき》』（一七六一）ほか、江戸時代には何冊もの製法書が出版されました。時代が下るにつれ、作業時間やコツなども書き加えられ、記述が具体的でわかりやすい内容になっていきます。

　菓子の製法書が出版された背景には、『古今新製名菓秘録《ここんしんせいめいかひろく》』（一八六二）の序文に、「山《やま》の芋とる牧童《わらへ》まで、薯蕷饅頭《しやうよまんぢう》の味《あぢは》ひしらぬもあらざりけり」とあるように、菓子が幅広い層にとって身近な存在となったことが挙げられるでしょう。製菓の手引きとして参照されるだけでなく、挿絵や作り方を見、味を想像して楽しむ、娯楽読み物としても読みつがれたようです。現代語に訳した本のほか、再現菓子のレシピを掲載したインターネットサイトなどもあるので、実際に作ってみると面白いかもしれません（参考情報は287頁）。

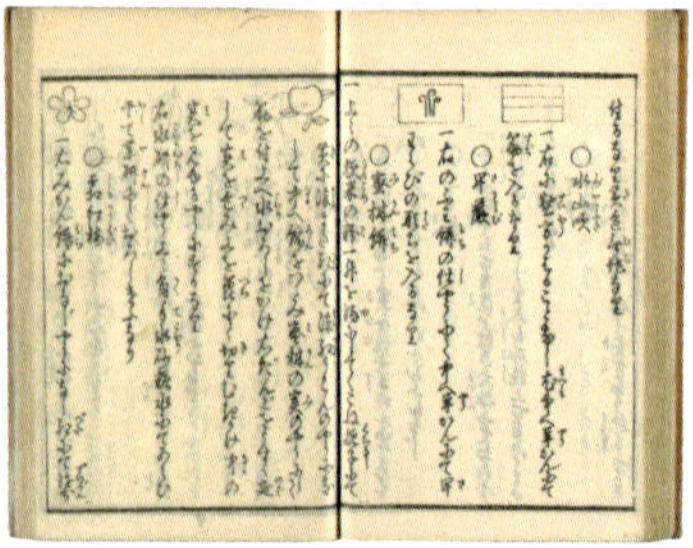
『古今新製名菓秘録』

# 第7章

# 我、菓子を愛す

# 徳川治宝《とくがわはるとみ》と自慢の落雁《らくがん》

## ——大名茶人の贅沢な趣味

金沢（石川県）では加賀藩三代藩主前田利常《まえだとしつね》考案とされる「長生殿《ちょうせいでん》」、松江（島根県）では松江藩七代藩主松平治郷《まつだいらはるさと》（不昧《ふまい》）のお好みにちなんだ「山川《やまかわ》」や「菜種《なたね》の里《さと》」が知られるように、茶道をたしなみ、文化人ともいわれる藩主が治めた土地には、優れた菓子が伝えられます。和歌山も、紀州徳川家が代々表千家《おもてせんけ》の家元より茶道の教えを受けており、その造詣がもっとも深く、作陶にも励んだ十代治宝（一七七一〜一八五二）が、素晴らしい落雁を創作しました。自分の思い描く意匠を木型に彫らせ、菓子を作ることは、治宝の美意識にかなっていたのでしょう。

治宝の落雁への思いが強くなるのは、文政六年（一八二三）に藩主を退《しりぞ》き、西浜御殿《にしはまごてん》に移ってからと考えられます。「西濱様御好」、つまり治宝好みを示す木型は、御用を務めた総本家駿河屋《そうほんけするがや》に伝えられてきました。六十点以上あり、その多くには天保年間（一八三〇〜四四）の年号が記されています。(1)

唐錦（総本家駿河屋）

木型のなかでも紀州の名所、和歌《わか》の浦《うら》を絵画的に表現したものは三組からなり、できあがる菓子は縦三十cm、横四十cmもの大形です。海岸沿いの松原や飛翔する鶴など、細かなところまで表現されていて圧倒されます（次頁）。

また、「紀八景《きはっけい》」（187頁）は和装本仕立てで両面型。中国の山水画の画題、瀟湘《しょうしょう》八景（湖南省の瀟水、湘水の合流するあたりの景勝地）にちなみ、万葉の昔より歌に詠まれた紀伊国内ゆかりの名所八景をみごとに意匠化した木型で、現在の地名では吹上《ふきあげ》の浜・雑賀《さいが》・加太《かだ》の海岸・藤代《ふじしろ》・友ヶ島《ともがしま》・湊《みなと》・加太や田倉崎《たくらざき》・名草山《なぐさやま》と考えられます（地名については諸説あり）。

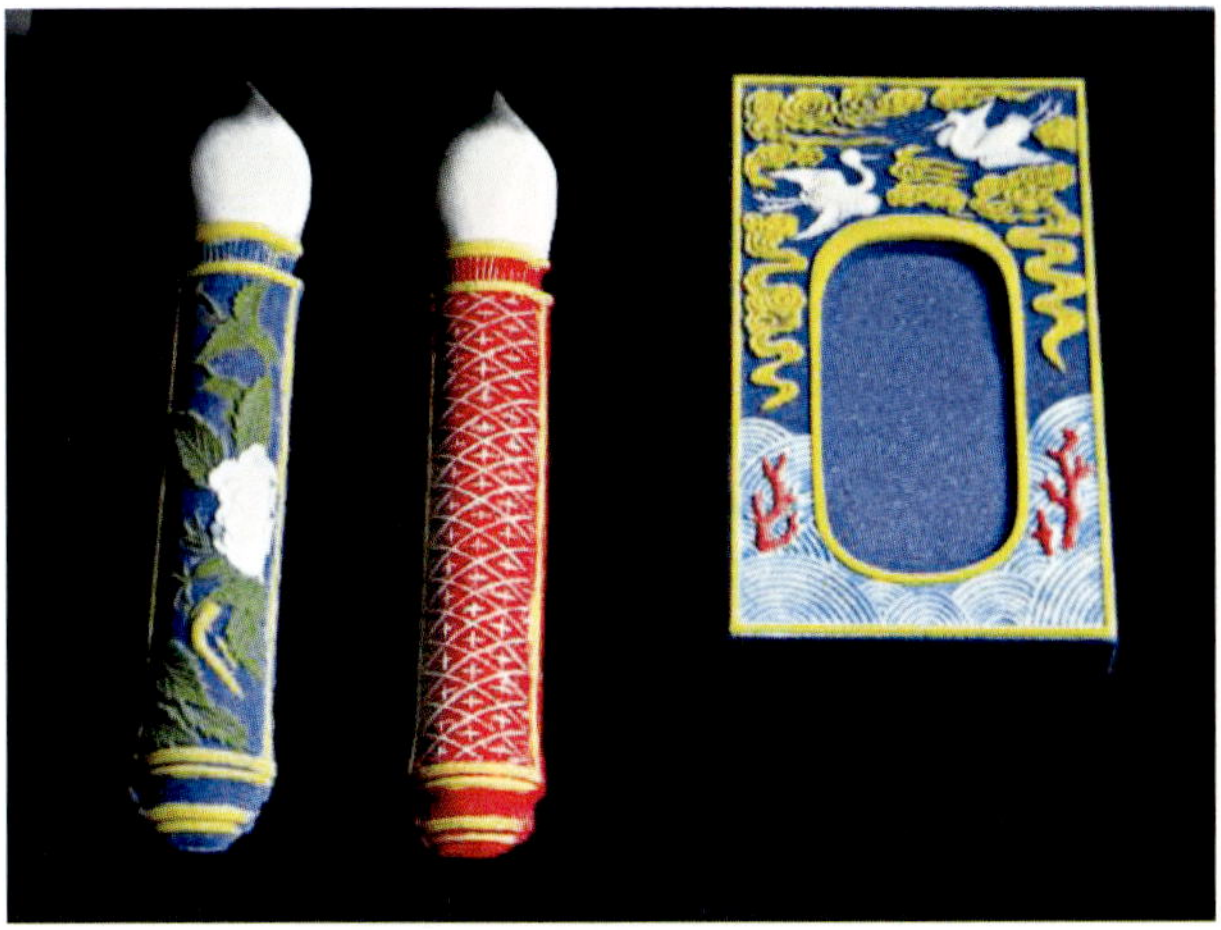
管城糕と端渓糕（総本家駿河屋）

このほか、筆・硯をかたどった中国趣味のただよう「管城糕《かんじょうこう》」と「端渓糕《たんけいこう》」の木型は、天保八年尾張徳川家より贈られた菓子をもとに作られたもの。ひょっとしたら両家で落雁の意匠をめぐる競い合いがあったのかもしれません。西浜御殿は、文化人が交流するサロンのような場でもあったので、菓子を披露する折もあったのではないでしょうか。治宝の自慢げな顔が目に浮かびます。

（1）木型は現在、和歌山市立博物館所蔵。同館は、総本家駿河屋ゆかりの江戸時代の木型を多数所蔵しており、十一代斉順好みの木型もある。

# 徳川治宝お好みの落雁と資料

和歌の浦（総本家駿河屋）

木型（和歌山市立博物館蔵）

紀八景（総本家駿河屋）

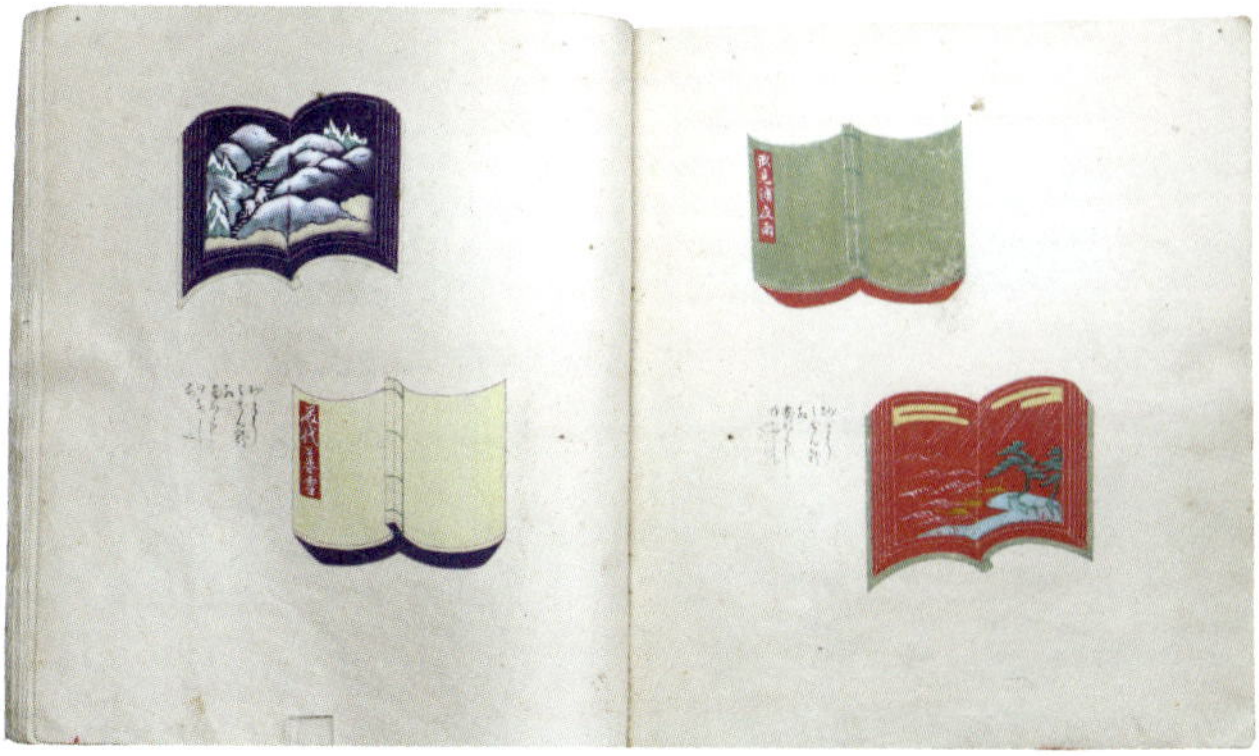

絵手本（和歌山市立博物館蔵）

# 近衛《このえ》内前《うちさき》と蓬《よも》が嶋《しま》

## ――関白《かんぱく》殿下のオートクチュール菓子

江戸時代中期の近衛家の当主、内前（一七二八～八五）。後桃園《ごももぞの》天皇《てんのう》の外戚《がいせき》（義理の父）として、二十年にわたって関白・摂政《せっしょう》を務め、公家の最高位、太政大臣《だじょうだいじん》に上り詰めたこの人物は、虎屋の上得意でもありました。

御銘《ぎょめい》(1)を頂戴した菓子も多く、「近衛《このえ》様《さま》御銘《ぎょめい》御菓子《おかし》扣帳《ひかえちょう》」には内前が名付けたと考えられる三十二個もの菓子が記されていますが、一つひとつに素材や色かたちについてのコメントや絵図が添えられており、彼の好みが反映されていたことをうかがわせます。そのなかには、肉桂《にっけい》で色を付け(2)、梨をかたどった「利木饅《りぼくまん》」や、蕨粉《わらびこ》の生地で餡を包んだ「岡太夫《おかだゆう》」など、現在まで受けつがれている菓子も。一方、今は作らなくなってしまっ

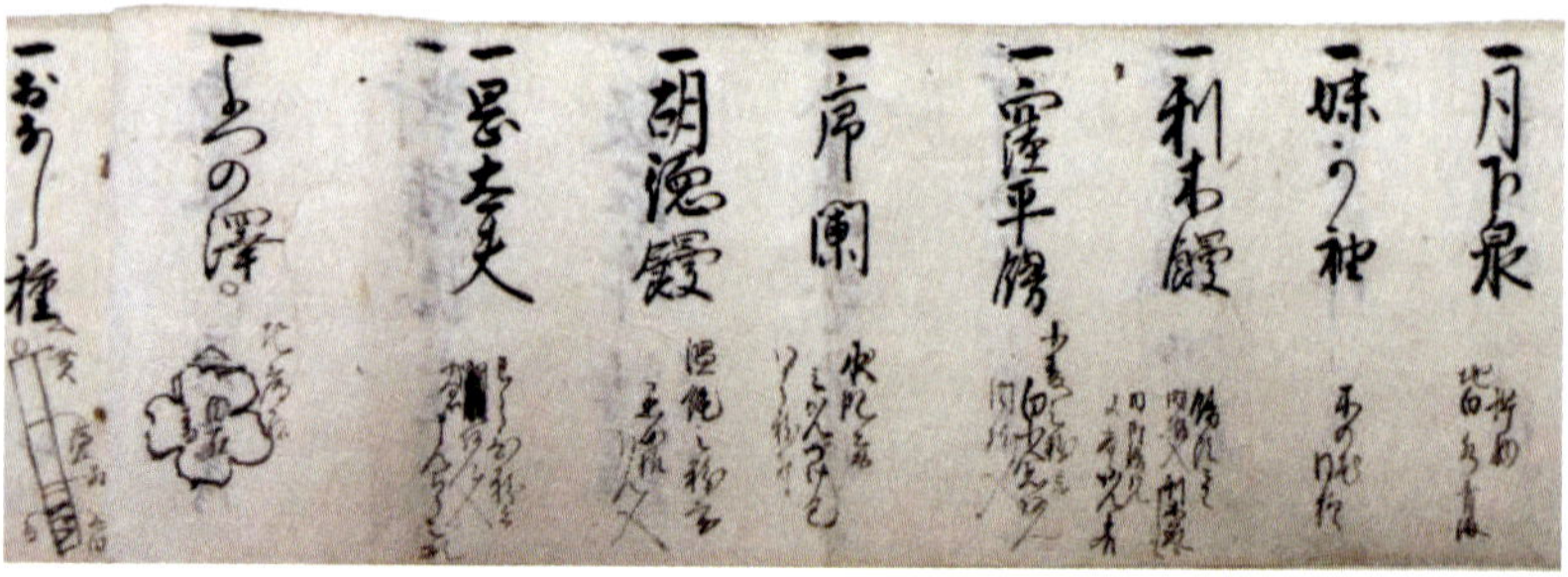

「近衛様御銘御菓子扣帳」（部分）　天明3年（1783）　虎屋黒川家文書

たものの中には、求肥《ぎゅうひ》で「ミかんづけ《（蜜柑漬）》」（砂糖漬か）を包み、いら粉（新引粉《しんびきこ》）をまぶした「序蘭《じょらん》」や、墨形で紅色の落雁（3）に胡《こ》椒《しょう》を入れた「胡椒糕《こしょうこう》」、勧心寺粉《かんしんじこ》（白玉粉）の生地に肉桂・栗・生姜・榧《かや》・胡桃《くるみ》を加えた「飯沼餅《いいぬまもち》」のように、味わいが気になるものもあります。

　また、御銘を頂戴した際の書類が一式残されている事例も。茶道具の場合、銘を付けた人物が箱書きをすることが多いようですが、菓子は食べてなくなってしまうので、事情を書面で残すことがあったのでしょう。

「蓬が嶋」を例にとると、銘を清書した折紙《おりがみ》と、その文字を書したのが「佐竹石見守」（近衛家の事務をつかさどっていた家司《けいし》）である旨を記した包み紙、御銘頂戴の経緯を綴った書面の三点があります。書面には宝暦十二年（一七六二）十月六日、内前のお好みで作った饅頭を差し上げたところ、すぐに名前を付けていただいたと記されています。「蓬が嶋」とは中国の伝説上の理想郷で、不老不死の仙人が住むとされる蓬莱山《ほうらいさん》の別名。差し上げた饅頭は、大きな饅頭の中に小倉餡の小饅頭が二十個、小

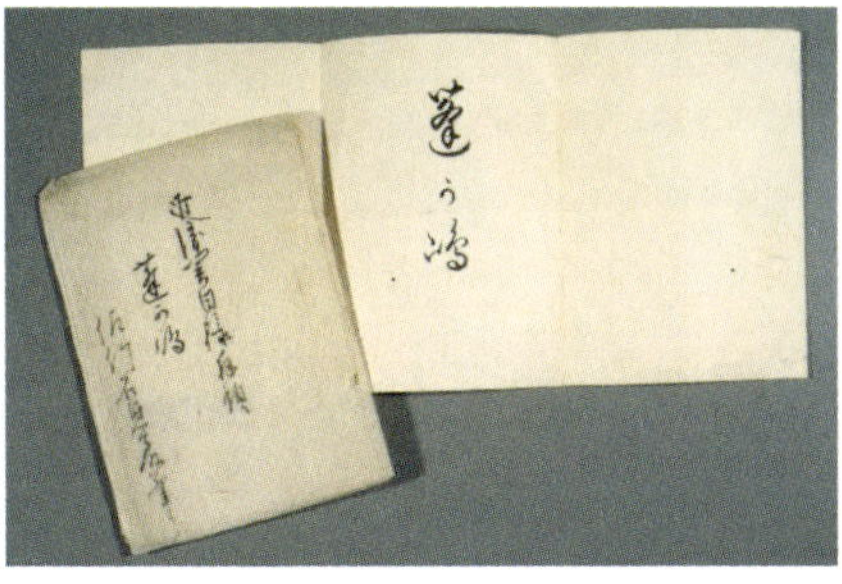

蓬が嶋の御銘書　虎屋黒川家文書

現在の御好梨木饅

饅頭のあいだには「くりの粉《（栗）》」（栗餡か）が詰まったものでした。栗をたっぷり使ったところが内前好みだったのでしょうか。祖父にあたる家熙《いえひろ》にも虎屋の栗菓子にまつわるエピソードがありますので（220頁）、栗好きの血筋だったのかもしれません。

ちなみに、現在虎屋の「蓬が嶋」は、赤・白・緑・黄・紫の五色の餡の小饅頭を入れた華やかな饅頭で、子孫繁栄にも通じるおめでたい菓子として、慶事に用いられています。

（1）天皇や皇族、近衛家など、高貴な方からいただいた菓子の銘。

（2）現在、肉桂は使っていない。

（3）金沢銘菓として知られる「長生殿」のような、墨の形をした細長い落雁のことか。

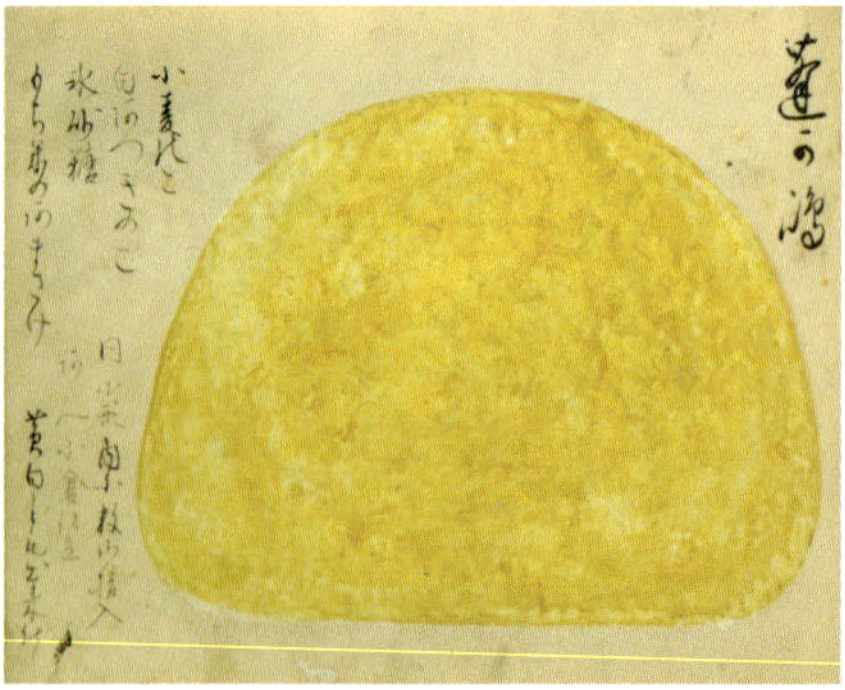

蓬が嶋　「御菓子繪圖」　文政７年(1824)
虎屋黒川家文書より

近衛内前好みの蓬が嶋

現在の蓬が嶋

コラム

# 山吹色の菓子

「山吹色の菓子」といえば賄賂《わいろ》の代名詞。山吹色とは金銭をさす隠語なので、時代劇でお馴染みの小判入りの菓子折などが思い浮かびます。実際、『旧事諮問録《ふるきことたずねしきろく》』という史料によれば、十二代将軍徳川家慶《いえよし》の時代、大奥で絶大な権力を振るった姉小路《あねがこうじ》という奥女中に、大名から届けられた菓子折には、「金《かね》」がいっぱい入っていたといいます。将軍お気に入りの側室や女中に取り入れば、表の世界へも影響力が及ぶため、大奥関係者への様々な工作が半ば公然と行われていたのです。

弘化元年（一八四四）、幕府から隠居・謹慎《きんしん》処分を受けた前藩主、徳川斉昭《なりあき》の復権を目指した水戸藩でも、先の姉小路に高価な金時計を手配したほか、家慶の側室たちにも金品や菓子を贈り、口添えを依頼しています。たとえば側室お定《さだ》へ、水戸の菓子「五家宝《ごかぼう》」を贈ったところ、思った以上に「大当り」で、協力者として引き込むことに成功しています。若い女中が丸のままかぶりついて笑いを誘うなど、珍しい菓子が大いにお定の慰めになったとか。五家宝はもち米をおこし状にして蜜で固めて棒状にし、きな粉をまぶした菓子で、別の側室お美津《みつ》にも贈られています。このほかにも菓子重や「精品なる御菓子」などが用いられたそうで、菓子が大奥での贈り物の定番だったことがうかがえます。「菓子折に金」の噂は、こうした事情を背景に生まれたものかもしれませんね。

# 寺島良安《てらじまりょうあん》と達磨隠《だるまかくし》

——謎ときで楽しむ

江戸時代にも挿絵入りの百科事典があったことをご存知でしょうか。なんと、今から三百年以上も前に『和漢三才図会《わかんさんさいずえ》』（一七一二自序）という名称で刊行されています。中国の『三才図会《さんさいずえ》』（一六〇七）にならって、寺島良安（生没年未詳）が、大坂城の御城入《おしろいり》医師を務めながら、三十数年を費やして一〇五巻にまとめ、完成させました。天人地の三部作で、天部では天文気象や暦、人部では人倫・宗教・生活様式・器具・動物など、地部では山・水・火にかかわること、および地理・植物類、そして醸造類が解説されています。和漢の古典籍をもとにした説明のあとで、現状についての記述があり、江戸時代の生活風俗を知る上でも価値ある史料です。

良安の偉業には圧倒されますが、本人はいたって謙虚で、〝文は杜撰《ずさん》、事の目論《もくろみ》も全く不十分なため、人々からそしり笑われるにちがいない〟（原文は漢文）と序文に述べているほど。引用が多かったことも気になっての文章でしょうか。補筆訂正されることにより、この書が大成することを望む記述もあり、学者の鑑《かがみ》ともいえるような人柄が偲ばれます。

達磨隠　『和漢三才図会』（国立国会図書館蔵）より

菓子については醸造類にあり、饅頭・羊羹・求肥《ぎゅうひ》・カステラなど、現在もお馴染みのものが見え、親しみを感じさせます。良安のお気に入りではと思いたくなるのが、衣がけの菓子の一種、「達磨隠」です。

同書によると、「達磨隠」は、温州《うんしゅう》蜜柑《みかん》に似た柑橘類の九年母《くねんぼ》の皮を切って、砂糖の衣を付けたもの。

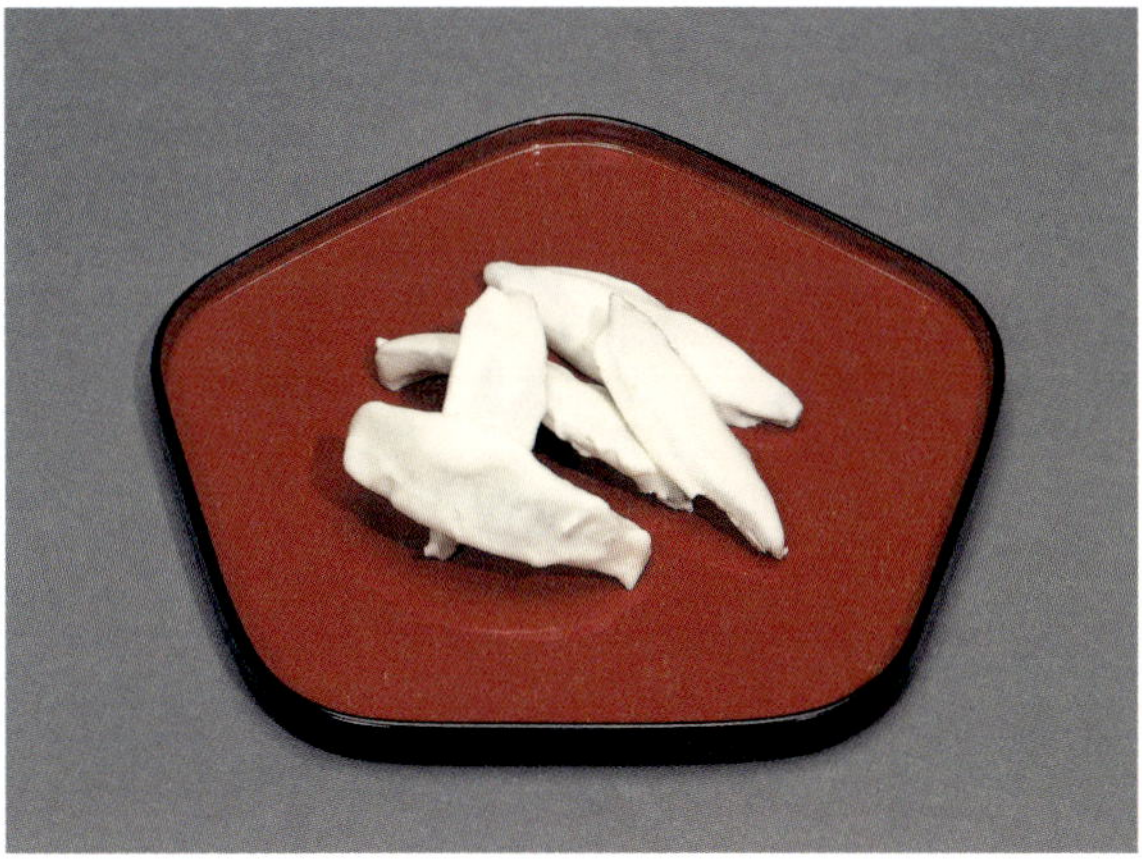
達磨隠

なぜこの名前が付いたのでしょう？　解説を読むと、材料の九年母に、「九年面壁《くねんめんぺき》」（禅宗の開祖、達磨が中国の少林寺で壁に向かい、九年間も座禅を続けた意）を掛けていることがわかり、言葉遊びに頬がゆるみます。九年母は当時、さほど珍しい果物ではなかったので、砂糖の衣がけで中身がわからなくてもその味わいによって、名前の謎がとけるという落ちになったのかもしれません。

「達磨隠」の名は、元禄年間（一六八八～一七〇四）の虎屋の御用記録ほか他店の菓子史料にも見え、かつてはよく作られ、人気もあったと思われます。『嬉遊笑覧《きゆうしょうらん》』（一八三〇自序）に「今も有り」と記されますが、いつのまにか幻の菓子になってしまい、良安も天上で残念に思っているのではないでしょうか。

# 光格天皇《こうかくてんのう》とお好み菓子
## ——古典文学ゆかりの御銘《ぎょめい》

「修学院御茶屋江仙洞御所御幸ニ付御用留帳」
虎屋黒川家文書より

光格天皇（一七七一～一八四〇）といえば、日本史上では、寛政元年（一七八九）の「尊号《そんごう》事件」が知られるでしょう。父の閑院宮典仁親王《かんいんのみやすけひと》に、譲位した天皇を意味する「太上《だいじょう》天皇」の尊号を授けようとしたものの、[1]老中松平定信《まつだいらさだのぶ》らの反対にあって断念した一件です。無念だったと想像できますが、天皇は在位三十九年を通じ、朝廷儀式の復興に努め、文化十四年（一八一七）、仁孝《にんこう》天皇に位を譲り、上皇になったあとも、朝廷権威の強化を目指しました。幕府との対立があったとはいえ、儒学・和歌・有職故実《ゆうそくこじつ》に造詣が深く、質素で飾らない人柄により、多くの人に慕われたようです。

譲位後、たびたび訪ねたのが、お気に入りの修学院離宮《しゅがくいんりきゅう》。江戸時代初期に後水尾《ごみずのお》上皇が造営したこの離宮は、約五十四万㎡の広大な庭園でもあり、御幸の際には茶会を催したのか、虎屋に多くの菓子を注文し、菓子のいくつかに銘を付けました。天皇家ほか近衛家などからいただいた銘を虎屋では「御銘」と呼んでいますが、光格天皇からのものは数多く記録に残っています。

文政十二年（一八二九）長月《ながつき》、下染《したぞめ》、松の友、春の野遊《のあそび》

文政十三年（一八三〇）　山路の春、唐衣《からごろも》
天保二年（一八三一）　村紅葉、滝の糸すじ、山路の菊
天保四年（一八三三）　花の粧《よそおい》

が修学院離宮御幸に際してのものです。

雅《みや》びな銘の数々といえますが、特に古典文学の世界と結びつくのが「唐衣」で、『伊勢物語《いせものがたり》』九段の有名な歌「から衣きつつなれにしつましあれば　はるばるきぬる旅をしぞ思ふ」が思い出されます。これは、三河国《みかわのくに》（愛知県）八橋《やつはし》で、群生する杜若《かきつばた》を見ながら、都に残した妻を思って在原業平《ありわらのなりひら》が詠んだ歌で、尾形光琳《おがたこうりん》の「燕子花図屏風《かきつばたずびょうぶ》」の題材にもなっています。菓子の「唐衣」も饅頭を紫と緑に染め分け、燕子花の花と葉の色を表したもの。シンプルでありながら、趣《おもむき》深い菓子といえるでしょう。

このほか、春の錦・夕日の波・玉襷《たまだすき》・下躑躅《したつつじ》などの銘もいただいており、銘を付けるときの工夫や、菓子への想いについて、直接お尋ねできたなら……と思わずにはいられません。

唐衣

（1）　後桃園天皇が皇嗣のないまま崩じ、光格天皇が閑院宮家から即位した経緯があった。

# 良寛《りょうかん》と白雪糕《はくせつこう》

## ——最期に望むものは……

霞たつながき春日を子供らと
手まりつきつつこの日暮らしつ　良寛

今もなお、「良寛さん」「良寛さま」として親しまれる良寛（一七五八〜一八三一）。その名を聞くと、子どもたちとの語らいを楽しみ、遊びに興じる優しい老人の姿が思い浮かびます。

良寛は、越後国《えちごのくに》（新潟県）出雲崎《いずもざき》生まれ。出家したものの、住職にならず、諸国を遊行《ゆぎょう》しながら数多くの和歌・詩・俳句・書を残し、七十三歳の生涯を閉じました。日々の糧《かて》は人々の施しによるもので、現存する書状には、酒・餅などを送られた折の礼状も残ります。印象に残るのは、豪商能《の》登屋《とや》木村元右衛門邸内の庵（新潟県長岡市）で病に臥《ふ》し、衰弱の激しい時分に、白雪糕を望んで書いた手紙でしょう。「白雪羔《（こう）》少々御恵たまはりたく候　以上　十一月四日　菓子屋三十郎殿　良寛」という短いもので、ふるえの見える筆跡が哀れみを誘います。これは、亡くなる前年の文政十三年

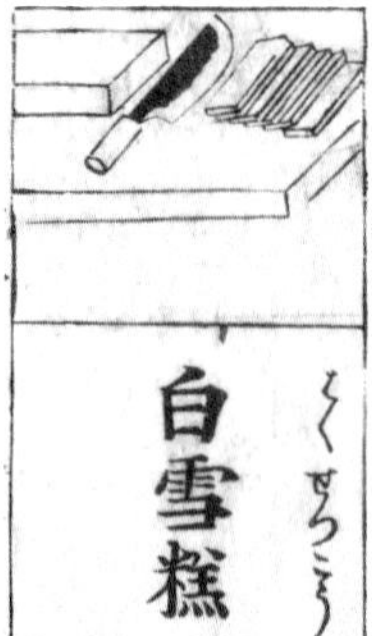

白雪糕　『和漢三才図会』（国立国会図書館蔵）より

（一八三〇）に出雲崎の「菓子屋三十郎」（菓子屋でなく、菓子を作ってくれた幼馴染《おさななじみ》の呼称という）に宛てた手紙と推測されます。ほかにも白雪糕だけを望んでいる手紙が残っていますが、いったいどんな菓子だったのでしょうか。

『和漢三才図会《わかんさんさいずえ》』（一七一二自序）や当時の菓子製法書によると、米粉・砂糖に蓮の実の粉末などを混ぜ、押し固めて蒸すもので、口に入れれば雪のように溶けることから、その名がついた由。「七人目白雪こう《（糕）》で育て上げ」（『柳多留《やなぎだる》』）の川柳があるように、くだいて湯に溶かしたものが母乳の代用や病人食にされました。漢方薬に使う芡実《けんじつ》（オニバスの実）や山薬《さんやく》（ヤマノイモの根の粉末）などを入れたものは、「薬白雪糕《くすりはくせっこう》」と呼ばれたそうです。

白雪糕は落雁にも似ていますが、落雁が熱処理をした米粉（寒梅粉《かんばいこ》）を使うのに対し、熱を通していない米粉を用い、最後に蒸すという違いがあります。手間のかからない落雁が広まったこともあってか、しだいに廃れていきました。(1) はかなげな白雪糕と、清貧に生きた良寛の人生はどこか重なるようです。

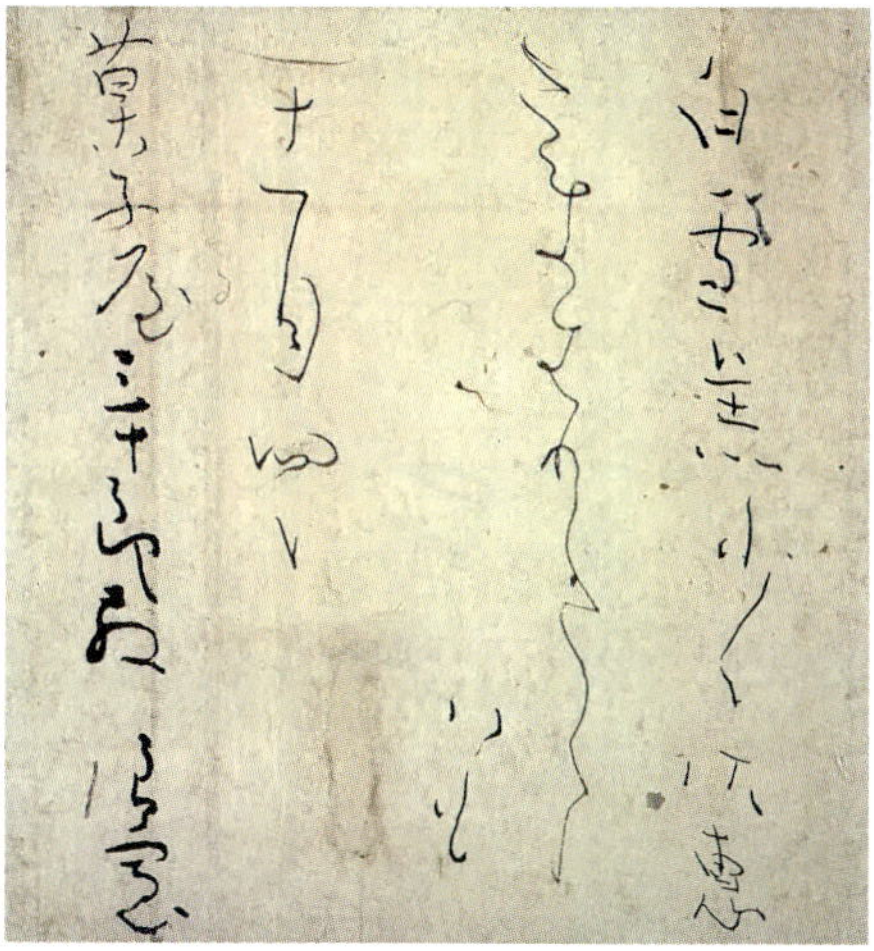
良寛の手紙（木村家蔵　写真提供：二玄社）

（1）現在、出雲崎町の大黒屋では、この書状にちなみ、『和漢三才図会』を参考にした白雪糕を作っている。

## 正岡子規《まさおかしき》と牡丹餅《ぼたもち》
### ——彼岸のお見舞いに

結核のため、三十五歳の若さでこの世を去った明治時代の俳人正岡子規（一八六七〜一九〇二）。最晩年の明治三十四年（一九〇一）から死の直前にかけて、日常の出来事、俳句や短歌についての批評などを綴った日記が『仰臥漫録《ぎょうがまんろく》』です。表題は、病が篤《あつ》く寝返りもできないため、仰向けになったまま記したという意味なのですが、生きることへの執念と歌への情熱が文面にあふれ、読むものを圧倒します。

そう遠くない未来に最期を迎えるであろう子規にとって、「食べること」はわずかな命をつなぐための重要な行為だったようです。とにかく、食べる量が半端ではありません。ある日の夕食は「飯一碗半　鰻《うなぎ》の蒲焼《かばやき》七串　酢牡蠣《すがき》　キャベツ　梨一つ　林檎一切」。健康な人でも驚くようなボリュームです。もちろんおやつも欠かしていません。定番は滋養豊富なココア入りの牛乳・菓子パン・塩煎餅（醬油味の米煎餅）でしたが、ほかにも、羊羹・餅菓子・芋坂《いもさか》団子(1)・懐中汁粉・ビスケットなどの名が見えます。

正岡子規（国立国会図書館蔵）

そのような子規の姿を見てか、知人や弟子たちも食べ物を持参することがありました。明治三十四年九月二十四日の秋分には、勤めていた日本新聞社の社主、陸羯南《くがかつなん》が自家製の「牡丹餅」を持って見舞いに訪れます。子規は昼に「お萩《はぎ》一、二ヶ」食べていたのですが、もらった牡丹餅はおやつにし、陸にはお返しとして菓子屋に作らせた牡丹餅を渡しています。(2) 当時、彼岸の牡丹餅は自家製が一般的でした。正岡家でもかつては作っていたものの、子規が病に臥《ふ》してからは菓子屋に頼むようになったようです。日記には「菓子屋に誂《あつら》へるは宜《よろ》しからぬことなり　されど衛生的にいはば病人の内で拵《こしら》へたるより誂へる方宜しきか」と書く一方、牡丹餅を贈ったりもらったりすることを「馬鹿なことなり」としています。とはいえ、しっかり食べて、俳句を三つも残しているのですから、本当はとても嬉しかったのでしょう。

お萩くばる彼岸の使《つかい》行き逢《あ》ひぬ
梨腹も牡丹餅腹も彼岸かな
餅の名や秋の彼岸は萩にこそ

牡丹餅

(1) 子規の住まいの近くで売られた団子のことで、店の脇が芋坂だったためその名がある。現在も羽二重団子として親しまれている。
(2) お萩と牡丹餅は本来同じものだが、秋はお萩、春は牡丹餅、と使い分けをすることもある。

# 夏目漱石《なつめそうせき》と菓子
## ——コスモスは干菓子に似ている

「宿へ帰ッテ例ノ如ク茶ヲ飲ム　今日ハ吾輩一人ダ　誰モ居ナイ　ソコデパンヲ一片余慶食ッタ是ハ少少下品ダッタ」。これは、『坊ちゃん』『吾輩は猫である』などで知られる文豪・夏目漱石（一八六七〜一九一六）がロンドン留学中だった、明治三十四年（一九〇一）四月五日の日記です。人目がないのでパンを一切れ余分に食べてしまったとは、まるでいたずらっ子のようですね。彼の日記をひもとくと、菓子好きだった様子がうかがえます。

あるときは、披露宴のお土産にもらった本郷の和菓子屋、藤村《ふじむら》の菓子を細かく観察していわく「羊羹の中に松が染め抜いてあるのが一つ、白い蛤の形をした上に鶴の首がちよんぼりついてゐるのが一つ、真赤な亀の子が一つあつた」。これは縁高折《ふちだかおり》に詰めた、三つ盛と呼ばれる引菓子のことでしょう。結婚式にふさわしく、おめでたい意匠の取り合わせで、色合いからすると鶴は薯蕷《じょうよ》饅頭、亀は煉切《ねりきり》だったかもしれません。

明治四十二年四月二十五日には、散歩に出かけた先の風景が綴られます。

夏目漱石（国立国会図書館蔵）

早稲田田圃から鶴巻町を通る。田圃を掘り返してゐる。遠くの染物屋に紅白の布が長く干して
あつた。大きな切り山椒の様であつた。

うららかな春の日の、いかにものどかな風景です。切山椒《きりざんしょう》とは、山椒を入れた短冊形の新粉《しんこ》（うるち米の粉）の菓子で、東京では十一月の酉《とり》の市《いち》(1)の名物としても知られています。干された布の質感が、やわらかな新粉餅を連想させたのでしょう。

また、翌年の病気の療養中には、活けてもらったコスモスを描写しています。花瓶のうしろには砂壁と金銀の戸袋があり、白と赤の花が美しく映え、葉は銀紙に青く影を落としていました。漱石はコスモスを干菓子に似ているというのですが、花を活けた人物には、その感覚が伝わりません。なぜですかとの問いかけに、漱石は「何故と聞いちゃ仕方がない」と答えるのでした。普段から菓子に親しんでいてこその感性は、説明するようなものではなかったのでしょう。彼はのちに『思ひ出す事など』という作品の中でも、そのときコスモスの「薄《うす》くて規《き》則正《そくただ》しい花片《はなびら》と、空《くう》に浮《う》かんだ様《やう》に超然《てうぜん》と取《と》り合《あ》はぬ咲《さ》き具《ぐ》合《あひ》」を見て、干菓子を思ったことに触れています。

三つ盛の引菓子

（1）商売繁昌、開運を願う鷲（大鳥）神社の祭礼。

# 北原白秋《きたはらはくしゅう》とカステラ

## ——詩に書き、歌に詠む

……五月がきて東京の西洋料理店《レストラント》の階上にさはやかな夏帽子の淡青い麦稈《むぎわら》のにほひが沁みわたるころになると、妙にカステラが粉つぽく見えてくる。そうして若い客人のまへに食卓の上の薄いフラスコの水にちらつく桐の花の淡紫色とその曖昧のある新しい黄色さとがよく調和して、晩春と初夏とのやはらかい気息のアレンヂメントをしみじみと感ぜしめる。私にはそのぱさぱさしてどこか手さはりの渋いカステラがかかる場合何より好ましく味はれるのである。粉つぽい新らしさ、タツチのフレツシユな印象、実際触《さは》つて見て懐かしいではないか。

晩春から初夏に向かう季節の移ろいのなかで、カステラを味わう心地良いひととき。麦わらのにおい、桐の花の淡紫色に調和する黄色、さわったときの感触など、五感に訴えるこのエッセイのタイトルは「桐の花とカステラ」。「からたちの花」「ペチカ」を代表に、童謡詩で親しまれる北原白秋（一八八五〜一九四二）によるものです。

白秋は、明治十八年（一八八五）、福岡県山門《やまと》郡沖端《おきのはた》村（柳川市《やながわし》）の裕福な酒造家に生まれました。

北原白秋（国立国会図書館蔵）

幼少期を過ごした柳川一帯は、キリシタン文化の広まった歴史ある地。一躍注目された詩集『邪宗門《じゃしゅうもん》』に「びいどろ」「切支丹デウス」などの言葉が散りばめられ、ポルトガル・スペインに由来する南蛮の情緒がただよっているのは、育った環境によるものだと解釈されています。おそらくカステラのような南蛮菓子も、白秋にとっては身近なものだったことでしょう。

カステラ

エッセイを書いた翌年、明治四十四年出版の『思ひ出』にも、「カステラ」と題し、黄色い粉がほろほろとこぼれる風情をうたった詩を収録しています。カステラの粉っぽさに言及しているのは、書かれたのが今から百年以上も前のことだったからかもしれません。当時はまだ水飴や蜂蜜を使ったしっとりした感触のいわゆる「長崎カステラ」が広まっていなかった可能性があります。大正二年（一九一三）の歌集『桐の花』には、エッセイがほとんどそのまま再録され、「カステラの黄なるやはらみ新しき 味《あじわ》ひもよし春の暮れゆく」という歌が加えられています。再録の上、歌も追加するとは深い愛着があってのことでしょう。白秋はカステラを礼賛した稀有《けう》の詩人でした。

# 芥川龍之介《あくたがわりゅうのすけ》と汁粉
## ——パリのカフェを夢見て

文壇の登龍門《とうりゅうもん》「芥川賞」に名を残す小説家、芥川龍之介（一八九二〜一九二七）。東京帝国大学（現東京大学）在学中から、三十六歳で「将来に対する唯ぼんやりした不安」を理由に自殺するまでのあいだに、古典を題材にした『羅生門《らしょうもん》』『芋粥《いもがゆ》』など、短編を中心とした数多くの作品を残しました。

どちらかといえばニヒルな印象の強い龍之介ですが、かなりの菓子好きで「雪のふつた公園の枯芝は何よりも砂糖漬にそつくりである」などの名言（？）も残しています。そういわれると、芝の上に白く積もった雪が、きらきらした上白糖やグラニュー糖に見えてくるのではないでしょうか。

特に好きだったのが汁粉で、詩人の室生犀星《むろおさいせい》を金沢に訪ねたときにも、東京にもなかなかないようなおいしい汁粉を食べに、一緒によく出かけたそうです。小説家の小島政二郎《こじままさじろう》によれば、上野の常盤《ときわ》という店を贔屓《ひいき》にしており、普通の御膳汁粉の二倍はあるという「白餡《あん》のドロッとした小倉《おぐら》汁粉」を「お代りするのがおきまりだった」とか。さらには「久保田万太郎君の「しるこ」の事を書いてゐるのを見、僕も亦「しるこ」のことを書いて見たい欲望を感じた」と、「しるこ」と題する

芥川龍之介（国立国会図書館蔵）

随筆まで執筆しているのです。久保田万太郎は「甘いもの、話」で、汁粉は「喰べる」ものであって「飲む」ものではないと綴っていますので、きっとそれを受けたものだったのでしょう。

随筆の中で龍之介は、関東大震災以降、東京で汁粉屋が減ってしまったことを「僕等下戸仲間の為には少からぬ損失である。のみならず僕等の東京の為にもやはり少からぬ損失である」と書いています。そして、西洋人が汁粉の味を知ったならば「麻雀戯《マージャン》のやうに世界を風靡しないとも限らないのである」とし、ニューヨークのクラブやパリのカフェで、彼らが汁粉をすするさまを想像するのです。

白餡の小倉汁粉

いかにも楽しげなこの随筆が書かれたのは、実は、龍之介が自ら命を絶つわずか二ヶ月半ほど前のことでした。もしも震災後も多くの汁粉屋が営業を続けていたなら、それがささやかな楽しみとなって、彼も自殺をせずに済んだのではないだろうか、などと思いたくなります。

ちなみに龍之介の死後半世紀ほど経った昭和五十五年（一九八〇）、虎屋はパリに店を出しました。それから三十五年以上が過ぎ、今では汁粉を楽しみに通ってくるフランス人のお客様もいらっしゃるそうです。龍之介の夢見た光景は、少しだけ現実のものになったといえるでしょうか。

# 寺《てら》田《だ》寅彦《とらひこ》の好きな物
## ――イチゴ・珈琲・金平糖

「好きなもの　イチゴ　珈琲　花　美人　懐手《ふところで》して宇宙見物」。物理学者・寺田寅彦（一八七八〜一九三五）は、こんな歌をローマ字で書いて研究室の壁に貼っていたといいます。バイオリン・絵画・写真と幅広い趣味をもち、その文才は夏目漱石にも認められていました。窓ガラスの氷の模様や水の波紋についてなど日常生活のなかに潜む科学に着目した随筆は、寅彦の独壇場といえるでしょう。なかでも金平糖の角《つの》はお気に入りのテーマだったのか、随筆「備忘録」（一九二七）に「金米《（平）》糖」の項目があるのをはじめ、複数の作品の中で言及しています。

金平糖は、斜めに回転する鍋の中で、芯（グラニュー糖や、いら粉など）に砂糖蜜を少しずつかけ、結晶を大きくして作ります。一二週間もかかる大変な作業です。角が生まれるのは、初めに偶然できた凸凹の尖った部分が、へこんだ部分より早く成長するためと考えられています。寅彦は、どういった条件が重なるとこうした現象が起こるのか、また、角の大きさや数はどのようにして決まるのかなどを、学問として興味深い問題であると考えていました。「金米糖の生成に関する物理学的研究は、

寺田寅彦（日本近代文学館蔵）

その根本において、将来物理学全般にわたっての基礎問題として重要なるべきあるものに必然に本質的に連関して来るものと言ってもよい」とまで言及しており、その思い入れの深さがうかがえます。実際、理化学研究所にいた頃に、教え子の福島浩《ふくしまひろし》とともに実験に取り組み、福島は「金平糖の生成と其形状について」という論考を発表しました。

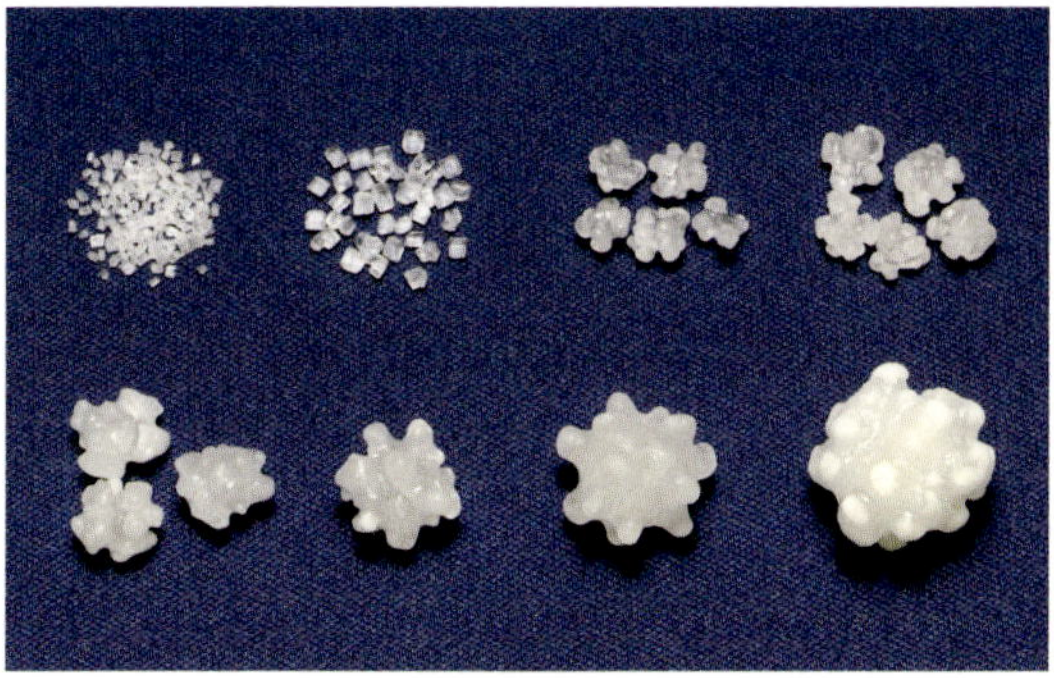
金平糖の成長の様子

ちなみに、寅彦は豆腐屋や七味唐辛子売りほかの様々な物売りの声について、録音して「百年後の民俗学者や好事家《こうずか》に聞かせてやる」ことは有意義ではないかと述べたことがありますが、さきの「備忘録」に、キャラメルやチョコレートに押されてあまり見かけなくなっていた金平糖についても、なくなってしまわないように保存を考えてほしいと記しています。そのままにしておくと廃れてしまうようなものに思いを寄せるという点は共通していますが、それにしてもなぜ、そこまで金平糖に興味や愛着をもっていたのでしょうか。実は寅彦は、高校時代、菓子のかわりに砂糖壺の砂糖をなめ、試験前にはその量が増えたというほどの甘いもの好きでしたので、ひょっとしたらそれも関係しているのでは？　そうしてみると、冒頭の歌は「イチゴ　珈琲　金平糖」でも良かったような気がしないでもありません。

# 川崎巨泉《かわさききょせん》と饅頭喰人形《まんじゅうくいにんぎょう》
## ——どちらがおいしいか

大阪・堺に生まれた川崎巨泉（一八七七〜一九四二）は、幼い頃より絵が上手で、画家・デザイナーとして活躍しました。明治時代の終り頃から郷土玩具に興味をもち、絵として記録するとともに、専門誌を発行するなどして研究を深めたことで知られます。百十数冊におよぶスケッチ帳は、巨泉の没後、現在の大阪府立中之島図書館に寄贈されました。今では「人魚洞文庫《にんぎょどうぶんこ》データベース」の名称でインターネット上に公開され、画像をすべて閲覧することができるようになっています。やわらかな線と美しい色彩で描かれた絵の数々からは、玩具に向けられた優しいまなざしがうかがえるようです。なお、人魚洞というのは、人魚と人形を洒落た巨泉の別号です。

巨泉の絵は、郷土玩具がおもなテーマではありましたが菓子も描かれ、分類項目にも「凧」「犬」などに交ざって「餅（団子、煎餅）」や「あめ」などの名称が見られます。菓子には、祭りで配られたり、神社のお供えに使われたりするものも少なくないため、民俗資料の一つと認識していたのかもしれません。

巨泉の描いた饅頭喰人形

具体的に見ていくと、団子細工（新粉細工）や飴（棒に付けた鳥や、祭りで売られる金太郎飴）、有名なところでは京都祇園祭の粽《ちまき》なども。瓦煎餅の中に菓子を入れた「包み煎餅」や、今ではなくなってしまった、大阪の四天王寺や開口《あぐち》神社の庚申堂《こうしんどう》の「七色菓子《なないろがし》」（七種類の菓子）のスケッチも残されるなど、貴重な史料となっています。

兎が餅搗《つ》きをする仕掛けの人形など、菓子にかかわる郷土玩具の絵もあり、なかでも「饅頭喰人形」は、よほど好きだったのでしょうか、二十点近く見られます。これは「お父さんとお母さんのどちらが好きか」と聞かれた子どもが、持っていた饅頭を二つに割って、「どちらがおいしいか？」と聞き返した（両親ともに大切なのは同じ）、という教訓話をもとにした人形です。

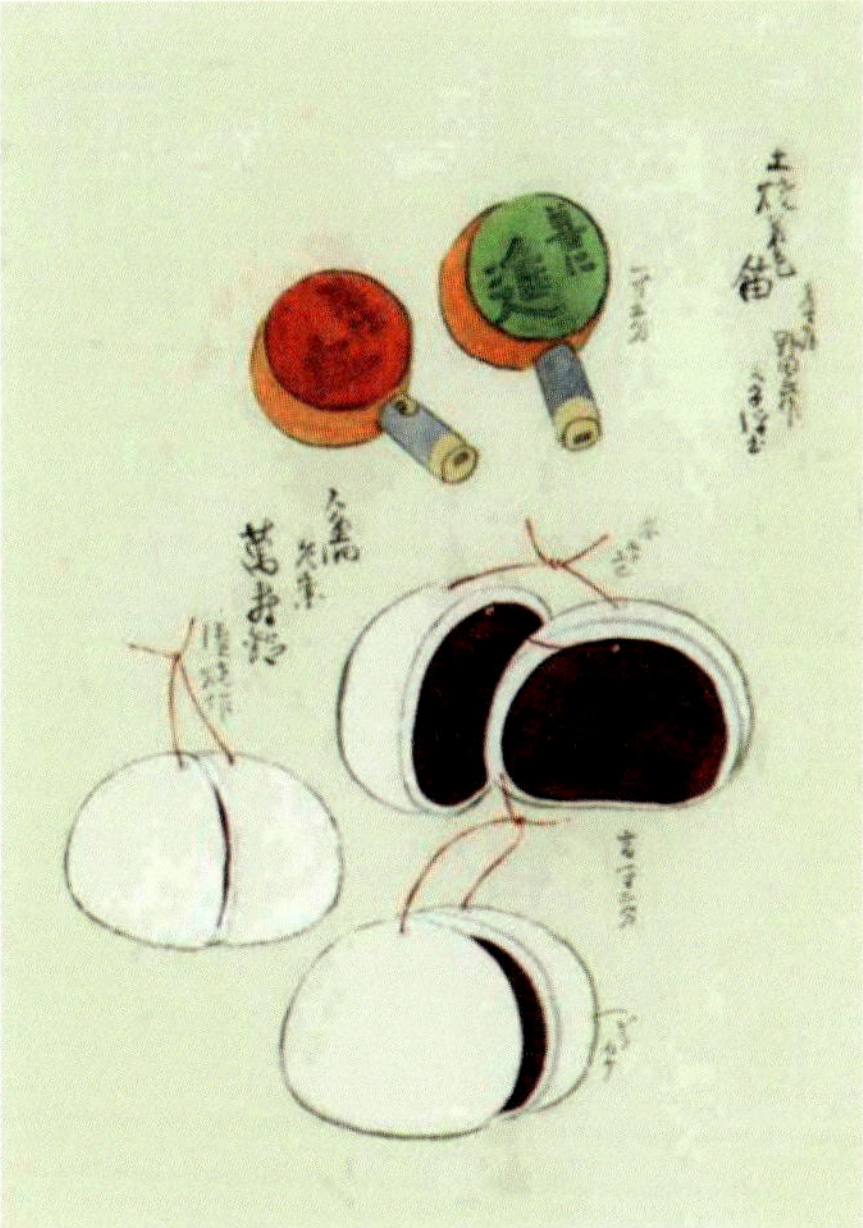

萬寿鈴（大阪府立中之島図書館蔵）

京都・伏見が発祥地といわれるだけあって、伏見人形の絵が多いのですが、愛知・大阪・宮崎のものも描かれています。これに想を得たものか、二つ割の饅頭をかたどった「人魚洞考案　萬寿鈴」なる土鈴《どれい》のスケッチが残されているのも、面白いところです。

# 岩本《いわもと》素《そ》白《はく》と菓子の商標
## ——戦火に消えたコレクション

明治生まれの国文学者・随筆家の岩本素白（一八八三〜一九六一）。現在の早稲田大学文学部を卒業、母校で教鞭をとりながら、のちに「近代随筆の最高峰」とも呼ばれる作品の数々を発表しました。

素白は『菓子の譜』という掌編のなかで、少年時代に聞いたという「非常な甘い物好きで、始終胃をわるく」していた海軍の軍医の話をしています。軍艦の寄港先で名物の菓子を求めると、彼は絵の具を使って実物大に写生し、「時と所と菓子の名前と、さうして目方と価と」を帳面に記したのだそうです。長い航海のあいだ、それを取り出しては菓子の「美しい色や形を眺め、その味ひを思ひ出して楽しんだ」という軍医の話を面白く思った少年は、長じて、菓子の箱に貼ってある商標ラベルや綺麗な包装紙、「箱の中に添へてある絵画詩歌などを書いた小箋」の中から気に入ったものだけを集め、「布張りの洒落た菓子折」に入れておくようになりました。

「柚餅子《ゆべし》のやうな菓子」には富岡鉄斎《とみおかてっさい》が描いた洒脱な柚子《ゆず》の絵、「柿羊羹を台にした菓子」には永《なが》坂石埭《さかせきたい》が柿の絵に詩を添えた紙が付けられていました。新潟銘菓「越乃雪」の商標については「古

商標

風な銅版画で、その店舗の様子を写して居るが、その前にある昔の無恰好な黒い四角な郵便箱が面白い」としており、おそらくは小さなものだったであろうその商標を、素白がいかに丹念にながめていたかがわかります。菓子や店の来歴を記した紙片は、現在でも見られるものですが、菓子の味わいを深めてくれる存在といえるでしょう。

　戦争で甘いもののなくなった時代、素白が菓子好きの客人にコレクションを見せると、客は「御馳走だ」と面白がったそうです。戦中から戦後にかけて、身のまわりから消えてしまった菓子を懐かしんで、前川千帆《まえかわせんぱん》（256頁）は絵を描き、内田百閒《うちだひゃっけん》（180頁）はその名前を書き上げました。絵の上手な子どもが、友達から菓子の絵をせがまれたというような話もよく聞きます。人々は記憶のなかの甘味に心の慰めを見出していたのですね。

　素白のコレクションは残念ながら戦争で失われ、『菓子の譜』は、「港々の思ひ出を伴つて居る」軍医の写生帖のゆくえに思いを馳せて終ります。戦火をまぬがれて、どこかにひっそりと残されている可能性もあるでしょうか、おびただしい数にのぼったという菓子の絵を、見てみたいものです。

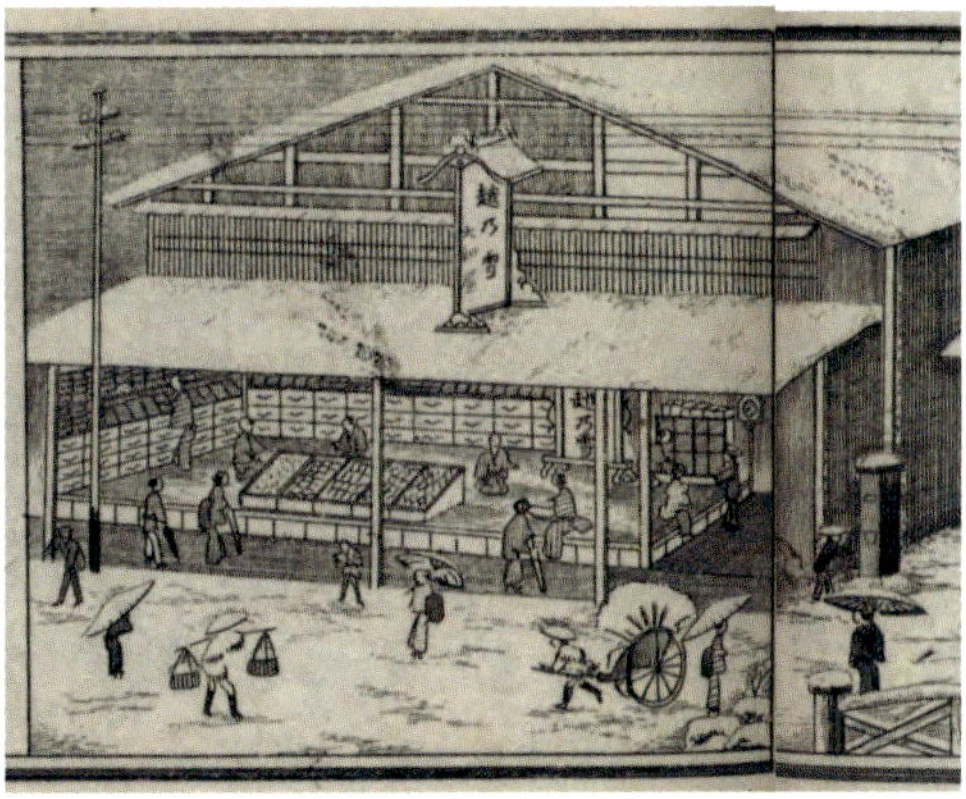
右手に黒い郵便ポストが見える。商標もこうしたものだっただろうか　『北越商工便覧』（国立国会図書館蔵）より

# 深沢七郎《ふかさわしちろう》と今川焼《いまがわやき》
## ——作家が焼き上げる夢の味

『笛吹川』『東京のプリンスたち』など多くの作品を残した小説家・深沢七郎（一九一四〜八七）。ギタリストでもあった彼が姥捨《うばすて》伝説を主題にした『楢山節考《ならやまぶしこう》』（一九五六）を執筆したのは、当時出演していた日劇（日本劇場）の楽屋でした。

昭和四十年（一九六五）、七郎は都会の喧騒《けんそう》から離れたいとの思いから、埼玉県の菖蒲町《しょうぶまち》に「ラブミー農場」を開きました。野菜や果物を育てる自給自足の生活にはそれなりに満足していたものの、狭心症をわずらったこともあり、寒さ厳しい農閑期に暖かい東京で商売をすることを思いつきます。

移住から六年後、東武線の曳舟《ひきふね》駅近くに物件を見つけ、かねてから興味をもっていた今川焼屋[1]を開店。店名「夢屋」は、自身の小説『風流夢譚《ふうりゅうむたん》』（一九六〇）にちなんだともいっていますが、はっきりせず、どうやらなんとなく付けてしまったというのが実情のようです。

今川焼は一個二十五円。包装紙はグラフィックデザイナーの横尾忠則《よこおただのり》がデザインをしました。当初こぢんまりと商売をするつもりだったのが、マスコミが大々的に取り上げたため、記事を見聞き

深沢七郎（岩合徳光撮影　深沢七郎文学記念館提供）

したファンが全国から殺到して店は大混乱。やむをえず、知人に手伝いにきてもらったり、アルバイトを雇ったりと、てんやわんやだったそうです。夢屋の今川焼は大きく、甘い餡がたっぷり入ってとてもおいしいと評判でした。七郎はおもに販売を担当、たまに焼くこともありましたが不慣れのため失敗することも……。そんなときは「今川焼々々々々、鉄板にコビリついて離れない。どうせクッチャクチャに焼けたからは、十円でも十五円でも食わそうよ」と歌を歌い、安く販売しました。

翌四十七年の十二月、友人の口添えで池袋の百貨店に期間限定で出店しますが、下町の曳舟と違って上品な客ばかりで初めは見切り品さえ買ってもらえず大苦戦。しかし、百貨店の客に慣れ、また、噂を聞きつけた知人が買いにきてくれたことで売り上げが伸び、残りの日々を忙しく過ごします。

その後、原材料費の高騰などもあって、夢屋は閉店します。わずかな期間でしたが、人々を楽しませた今川焼は、まさに「夢」の味だったのでしょう。

今川焼

(1) 地域によっては、大判焼・太鼓焼・回転焼などとも呼ばれる。

コラム

# 菓子木型

菓子木型

菓子木型の素材となるのはおもに桜の木。適当な固さがあり、くるいが少ないためで、三年以上寝かせたものを使うそうです。彫るときは図案をもとに、左右・凹凸を反対に考えます。判子《はんこ》の彫りと同じですが、菓子木型の場合、深さは一様ではなく、絵画的な曲線もあるため、かなりの技術を要します。

植物や動物意匠の菓子木型が作られるようになるのは、元禄時代の頃。時代が下るにつれ、職人の技術が向上し、名所・謡曲にちなむものなど、美術品の意匠に通じるものも数多く作られました。なかでも、紀州藩主の徳川治宝《はるとみ》のお好み（184頁）はその粋を示すものでしょう。かつては鯛や松竹梅などをかたどった落雁が慶事の配りものによく使われ、大ぶりの木型が作られましたが、昭和四十年代頃になると需要が少なくなり、今では上生菓子や干菓子用の小ぶりの型が主流です。職人の数も激減し、近年では機械で彫ったものも目にするようになりました。

こうした状況ですが、全国各地の資料館ほかでは、保存整理、調査研究の動きもあります。古い木型は菓子の歴史を語る貴重な文化財。意匠の変遷や造形の魅力、地域による特色といった、様々な視点から研究が進むことを願わずにはいられません。

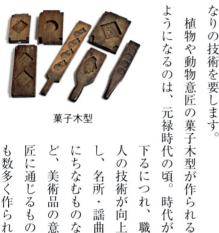

# 第8章

# 茶人の口福

## 千利休《せんのりきゅう》とふの焼

### ――亭主好みの味やいかに

千利休（一五二二～九一）といえば、侘《わ》び茶《ちゃ》の大成者としてあまりにも有名な人物です。堺（大阪府）の商人の家に生まれ、早くから茶の湯の道に入り、二十三歳頃には茶人として広く知られるようになりました。織田信長、ついで豊臣秀吉に茶頭《さどう》として仕え、茶の湯を広めましたが、天正十九年（一五九一）二月二十八日、秀吉より死を命じられ、切腹という悲しい最期を迎えています。

利休は死の前年にあたる天正十八年八月から翌年閏正月までのあいだ、頻繁に茶会を行いました。『利休百会記《りきゅうひゃっかいき》』はそれらの茶会を門人が記録したものとされており(1)、どのような菓子が好んで使われたのか、傾向がうかがえます。当時の菓子は素朴なものが多く、同書にも、焼餅や煎餅、おこしのほか、栗・榧《かや》・柿などの木の実・果物類、また、蒟蒻《こんにゃく》・牛蒡《ごぼう》・椎茸といった煮しめのようなものも並んでいます。使用回数が抜きん出ているのは「ふの焼」で、菓子の記載のある八十八会中、なんと六十八会。そこから後世、利休好みの菓子といわれるようになりました。

利休の茶会で出されたふの焼の詳細は残念ながらわかりませんが、その名前自体は、江戸時代

千利休（大阪城天守閣蔵）

の様々な史料に見られます。儒医・黒川道祐《くろかわどうゆう》の著した山城国《やましろのくに》（京都府）の地誌『雍州府志《ようしゅうふし》』（一六八六）によれば、小麦粉を水溶きして焼き、表面に味噌を塗って巻いたもので、京都の各所で作られていたとか。民間では彼岸の折、親戚や友人に振る舞い、形状が経巻《きょうかん》に似ているため、これを食べることを、経巻を読むことにたとえたとの面白い記述も見え、身近な菓子として親しまれていたことがわかります。また、『古今名物御前菓子秘伝抄《ここんめいぶつごぜんかしひでんしょう》』（一七一八）では、刻んだ胡桃《くるみ》・山椒味噌・白砂糖・芥《け》子《し》を巻き込んだものとなっています。虎屋にも、寛政五年（一七九三）五月、後桜町《ごさくらまち》上皇の御所へお届けしたふの焼の記録が残っており、こちらは「御膳餡入巻」、つまりこし餡入りとのことで、経巻を思わせる絵図（上図）も添えられています。ふの焼といっても中身はいろいろだったようです。共通しているのは焼いた小麦粉生地に何かを巻くことで、さしずめ江戸時代版クレープといったところ。現代でも家庭で手軽に作れそうなので、一度試してみてはいかがでしょうか。

ふの焼

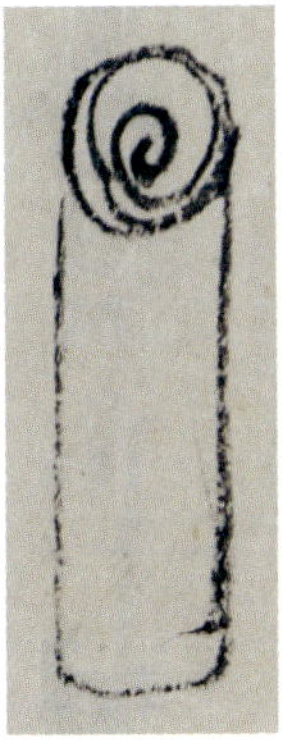

ふの焼の絵図

（1）内容や成立時期には疑問もある。

# 小堀遠州《こぼりえんしゅう》と十団子《とおだんご》

## ――すくい技に感嘆

茶道遠州流の祖、小堀遠州（正一《まさかず》、一五七九〜一六四七）は、「綺麗《きれい》さび」と称される、洗練された瀟《しょう》洒《しゃ》な茶風で知られます。茶人として名を馳せていますが、実は近江国《おうみのくに》（滋賀県）小室《こむろ》藩主で、禁裏御所や二条城などの建築、造園指導にもかかわっています。

遠州は四十代初め、江戸から京都へと旅をし、日記『辛酉《しんゆう》紀行《きこう》』（一六二一）を記しました。旅の目的はわかりませんが、道中の景色を愛でて歌を詠み、各地の知人と交流したことや、珍しい食べ物に出会ったことなどが見えます。なかでも十団子については詳しい記述が残されています。

九月二十二日、宇《う》津《つ》ノ谷《や》峠（静岡県）にさしかかった折、遠州は白い霰《あられ》のような餅を見かけます。その名を「十団子」と聞いて「唐団子」つまり唐土《もろこし》（中国）伝来の団子なのだろうと考えますが、店の人の説明によると「十」の由来は、容器から杓《しゃく》ですくうとき、必ず一度に十個ずつになるからとか。興味を覚えてか、遠州はさっそくその技を見せるようにと命じます。店主の女房が自在に団子をすくうさまを見物、「これ（是）になく（慰）さみてくれ（暮）にけれ」と書いているところを見ると、時間を忘

小堀遠州（東京大学史料編纂所蔵）

現在の十団子
（協力：慶龍寺）

「東海道五十三次之内　岡部」（吉田コレクション）

れてその妙技を楽しんだのでしょう。

この技は昔から評判だったのか、戦国時代後期の連歌師里《さと》村紹巴《むらじょうは》による『紹巴富士見道記《じょうはふじみみちのき》』にも永禄十年（一五六七）の条に「鳥の子を、十づゝ重ねあぐる術よりもあやしき名物なり」と見えます（「鳥の子」は卵形の「鳥の子餅」の略か）。紹巴も技に感嘆していますが、いつの頃からか、小豆粒ほどの小さな団子を数珠のように連ねた十団子が登場し、江戸時代も中頃にはこちらのほうが有名になったようです。(1) これは食べずに厄除けのお守りとするもので、杓で十個すくう十団子はいつのまにか見られなくなりました。

厄除《やくよ》けの十団子は現在、宇津ノ谷の慶龍寺《けいりゅうじ》の檀家が作っており、毎年八月、縁日に授与されます。遠州が興味を覚えた技は幻となりましたが、慶龍寺の近辺は今も往時を偲ばせるたたずまいです。

（1）『東海道名所記』（一六五八〜六一頃成立）に「其大さ赤小豆はかりにして、麻の緒につなぎ」とあり、江戸時代前期には小さな団子を数珠のように連ねた十団子があったと考えられる。

# 近衛家熙《このえいえひろ》と栗粉餅《くりこもち》

## ——さすがの者共なり

近衛家は公家のなかでも名門の家柄で、家熙（一六六七〜一七三六）も関白《かんぱく》や太政大臣《だじょうだいじん》を歴任、書画や茶道、和歌などの分野で才能を発揮しました。侍医山科道安《やましなどうあん》の『槐記《かいき》』は、享保九年（一七二四）から二十年まで十一年間余の家熙の言行の記録です。なかでも茶会については詳しく書かれ、茶道の古典としても重視されてきました。

享保十六年十月には、虎屋にかかわるエピソードがあります。家熙が嵯峨（京都府）で朝早く栗粉餅を使用するため、晩のうちに納めるよう注文したところ、虎屋と亀屋は品質が保てないと判断したようで辞退しました。栗粉餅は室町時代から日記や茶会記に見える菓子で、餅に栗の粉をまぶした素朴なものと考えられます[1]。菓子屋としては、栗の粉の傷《いた》みが早いのを心配したのでしょうか。それとも、あまり早く届けてしまうと、餅が固くなるということだったかもしれません。辞退の言を受けて近衛家から、それでは栗の粉は重箱に入れ、餅とは別にするように、という新たな指示が出され、夜半過ぎに餅だけが届けられました。栗の粉がいつ届けられたのかは記載がなく、実際の

栗粉餅

状況は不明ですが、当初の条件ではおいしく召し上がっていただけないという判断があったことは間違いありません。二店の対応について『槐記』には〝さすがの者共なり。何と偽っても商品を納めるのが商いの習いだが、それを断るのはよくよくのこと。些細なことかもしれないが、ほめるべきである〟と記されています。これは家熙の感想だったでしょうか、店の姿勢を理解していただけたと思うと、嬉しくなります。

なお、家熙の残した『御茶湯之記《おんちゃのゆのき》』には珍しい菓子の記録も見られ、その一つに「天くわ（花）粉餅」があります。天花粉《てんかふん》はキカラスウリの根からとる澱粉《でんぷん》で、当時は食用にされていたようです。ベビーパウダーのように子どもの汗疹《あせも》よけに使われることで知られますので、あまり食欲をそそる菓銘とは言いがたいのですが、砂糖を敷いて豆の粉（きな粉か）を添えた例があり、葛餅のようなものが想像されます。

現在の虎屋の栗粉餅

同書にはこのほかにも、葛餅・蕨餅・片栗の粉餅など、様々な澱粉から作ったと思われる菓子が見られます。味わいの違いを知りたいところですが、片栗粉の原料であるカタクリは絶滅すら危惧される昨今、天花粉も含めて当時と同じ材料を揃えるのはほぼ不可能で、食べ比《くら》べはできそうにありません。

（1）昔ながらの栗粉餅は、今も中津川（岐阜県）などで作られている。なお、現在の虎屋の栗粉餅は、栗餡のそぼろを付けたきんとんである。

# 井伊直弼《いいなおすけ》と千歳鮨《ちとせずし》

## ——知られざる名菓

幕末の大老、井伊直弼（一八一五〜六〇）。日米修好通商条約《にちべいしゅうこうつうしょうじょうやく》を結んだのち、桜田門外《さくらだもんがい》で尊皇攘夷派《そんのうじょういは》の志士に暗殺されたことは有名でしょう。豪腕政治家としてのイメージが強いですが、茶の湯に造詣が深く、彦根《ひこね》（滋賀県）藩主になってから執筆した『茶湯一会集《ちゃのゆいちえしゅう》』（一八五八）は、一期一会《いちごいちえ》の理念を広めた、近世茶書の圧巻とされます。この書にならい、菓子を切るときに使った黒文字《くろもじ》（楊枝）に、いつ、どんな茶会で使ったかを書き、取っておくことを実践している方もいらっしゃるのでは？　また、「口取《くちとり》（1）は、手製をよしとす、菓子の名むつかしきハうるさきもの也」の記述もあり、菓子の銘はシンプルなものが好みだったようです。

直弼は二百回以上の茶会の記録を詳細に書き残しており、地元彦根での『彦根水屋帳《ひこねみずやちょう》』、江戸藩邸での『東都水屋帳《とうとみずやちょう》』が知られます。これらを見ると、口取菓子に関しては、手製の「ふのやき」などがあるものの、「松風《まつかぜ》」「友千鳥《ともちどり》」は京製、羊羹は伏見のものを用意するなど、菓子屋にも注文していることがわかります。注目したいのは、江戸藩邸で安政五年（一八五八）十二月二十九日に出

井伊直弼（彦根　清凉寺蔵）

現在の虎屋の千歳鮨

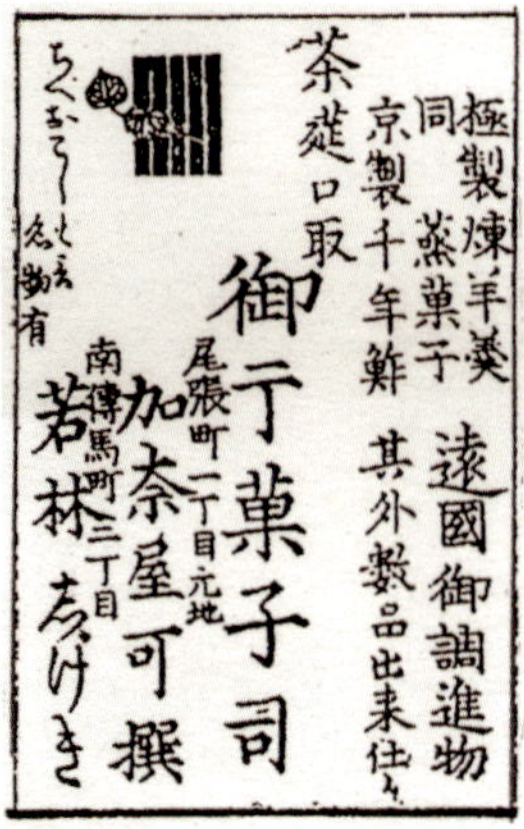


「京製千年鮓」が見える
『江戸買物独案内』より

された「京製　千とせすし」。「すし」といえば『古《こ》今名物御前菓子図式《こんめいぶつごぜんかしずしき》』（一七六一）に「鮓饅頭《すし》」があります。これは、餡を包んだ求肥《ぎゅうひ》生地を「炒粉《いりこ》にて漬《つけ》申候」と記されるもの。饅頭に炒粉（干飯《ほしいい》を臼で引き、鍋で炒《い》ったもの）をまぶし、馴鮨《なれずし》のように、重石《おもし》をかけたのかもしれません。

興味深いことに、江戸の買い物ガイドブックともいえる『江戸買物独案内《えどかいものひとりあんない》』（一八二四）には「京製千年鮓」を扱う店の名前が見えます（上図）。また虎屋でも、文政十一年（一八二八）、光格《こうかく》上皇が修学院離《しゅがくいんり》宮《きゅう》に御幸された折、「千歳鮨」を納めており、これは餡を包んだ求肥生地に和三盆糖《わさんぼんとう》をまぶした菓子として今に受けつがれています。(2) 直弼の使った「千とせすし」も同様のものだったでしょうか。

（1）　口取菓子のこと。茶会で、客が座に着いたとき、器に盛って出す菓子。
（2）　同様の菓子を金沢の森八では、「千歳」の名で作っている。かつては「千歳鮓」と呼んでいたという。

# 岩原謙庵《いわはらけんあん》とこぼれる菓子

## ——いたずらに慌《あわ》てる客たち？

岩原謙庵（渋沢史料館蔵）

岩原謙三《けんぞう》（一八六三〜一九三六）は三井物産のロンドン、ニューヨークの支店長を経て、帰国後は重役を務めた人物です。その後、芝浦製作所（現東芝）の社長、晩年はＮＨＫ初代会長に就任し、放送業界の発展に寄与しました。

彼は三井物産の先輩である益田鈍翁《ますだどんのう》の勧めで茶の道に入り、謙三の名から謙庵と名乗るようになります。非常にそそっかしい性格の持ち主で、ある茶会では水指《みずさし》の蓋を閉めそこない、水指の中へ落として割ってしまいます。また、自宅では、飼い犬の狆《ちん》が茶席に乱入し、お辞儀をしていた正客《しょうきゃく》の頭に飛びつく珍事も。茶の仲間たちはこのような彼をからかい、粗忽《そこつ》（素骨）庵、狆（珍、椿）庵と呼びました。

謙庵は新奇なことをする茶人でもありました。たとえば、明治四十年（一九〇七）三月、品川御殿山の益田邸内での茶会、第十二回大師会《だいしかい》[1]でのこと。謙庵夫人による「米国仕込みのチョコレートの手前」が行われました。チョコレートとはココア、「手前」とはお茶を点《た》てる点前《てまえ》の意味です。抹茶ならぬココアを熱湯でよく練って牛乳でのばす動作は、濃茶《こいちゃ》を練り、柄杓《ひしゃく》で湯をさし、硬さを調整する所作に似ています。このココアの点前は「味特《あじわいこと》に深く、来賓一同の喝采盛んなり」と非常に好評でした。

また、茶人・野崎幻庵《げんあん》の『茶会漫録《ちゃかいまんろく》』には、「奇抜なる茶会」と題して、明治四十四年十月、謙庵宅での茶会の様子が記されています。この菓子が奇抜でした。時候の素材を活かし、小栗三個をもろこし餡で包んで、きな粉をふりかけた、夫人手製の素朴なもの。もろこし餡の実体は不明で、秋田名物の落雁の一種「もろこし」に使う小豆の粉、あるいは煎《い》った麦粉を素材としたものではないかと想像されます。幻庵の感想に「頗《すこぶ》る珍菓也」とあり、「正客鈍翁を始め一同謂い合せたるが如く、ボロ〳〵と口より栗を喰ひ溢《こぼ》したる」というものでした。おそらく席中の一同、互いのありさまを見て、苦笑《にがわら》いしあったに違いありません。茶事では食べにくい菓子は避けるものですが、そこはいつも皆にいわれてばかりの謙庵、日頃の仕返しとばかりに、慌てる客たちの姿を見るために仕組んだいたずらだったのでしょう。

こぼれる菓子

（1）益田鈍翁が所蔵の弘法大師の書を披露するために始めた春の茶会。

# 益田鈍翁《ますだどんのう》と絵扇形《ひおうぎがた》の菓子

## ——歌仙画から出てきたような席主

三井財閥の最高経営者となった益田孝《たかし》（一八四八〜一九三八）は、近代の代表的な茶人の一人です。自伝によると、還暦を迎えた明治四十一年（一九〇八）に黒楽茶碗《くろらくぢゃわん》「鈍太郎《どんたろう》」を入手し、鈍翁と名乗るようになったそうです。

古美術収集でも知られた彼は、「佐竹本三十六歌仙絵巻」の分断に大きくかかわりました。絵巻は鎌倉時代の藤原信実《ふじわらののぶざね》の作品とされ、「住吉明神社頭図」を含む、三十七の場面が描かれています。高額のため購入希望者がおらず、道具商から相談を受けた鈍翁は、海外流出を避けるために分断を決断。世話人として、自分以外に仕事上の後輩でもある高橋箒庵《そうあん》、双方の茶友でもある野崎幻庵《げんあん》を立て、道具商たちと購入候補者、個々の売価を決めました。こうして大正八年（一九一九）十二月二十日、分断・購入の会が品川御殿山の自宅で開催されます。

購入者はくじ引きで決められました。鈍翁自身も参加したものの、お目当ての「斎宮女御《さいぐうのにょうご》」はハズレてしまいます。みるみる機嫌が悪くなる鈍翁を見て、くじを引き当てた道具商が鈍翁と絵を取

益田鈍翁（国立国会図書館蔵）

りかえ、その場を丸く収めました。

念願の「斎宮女御」を手に入れた鈍翁は、翌年三月二十四日から数日にわたって、披露の茶会を自宅で催しました。この席で使われた主菓子《おもがし》は、箒庵の『大正茶道記』に「黒川製桧扇形菓子」、幻庵の『茶会漫録《ちゃかいまんろく》』には「帝室御用黒川製の桧扇形」と記されています。「黒川」とは虎屋店主の苗字です。虎屋の大正九年「売掛明細帳」の鈍翁からの注文記録を見ると、三月二十四日の項に「羊　春の挿頭《かざし》　十二」とありました。「羊」は羊羹製(1)のことで、四月十日までのあいだに同様の注文が数回、一部の記述には「紅」、「紅白」の表記も見られます。虎屋の大正時代の菓子見本帳には、桧扇形に桜を一枝添えた「春のかざし」が紅一色で描かれています。前述の「紅白」は紅か白の単色もの、あるいは扇を白の生地で作り、桜を紅にしたのかもしれません。

鈍翁は「斎宮女御」の絵の中では、衣に隠れて見えない桧扇を、菓子で表す趣向を考えたのでしょう。このときの彼の茶席での出で立ちは、歌仙画から出てきたような白絹の袴に浅《あさ》黄《ぎ》色《いろ》狩衣《かりぎぬ》様《よう》のもの。彼のもとに嫁してきた斎宮女御に対して、平安貴族さながら、冠に桜の枝をさし、喜びのあまり舞いたい気分を表したかったのかもしれません。

春のかざし

（1）餡に小麦粉などを混ぜて蒸し、揉み込んだ生地。他店では「こなし」ともいう。

# 原三溪《はらさんけい》と茶会の菓子
## ——心中を無言のうちに語る

生糸の生産・輸出で成功を収めた実業家・原富太郎（三溪、一八六八〜一九三九）は、横浜の三溪園《さんけいえん》の設立者、近代日本画壇の育成者として知られています。一方、関東大震災後、横浜の復興に尽力したことや、三井の益田鈍翁《どんのう》、「電力の鬼」と呼ばれた松永耳庵《じあん》とともに、近代三大茶人の一人といわれていることは、あまり知られていません。

哲学者の谷川徹三《たにがわてつぞう》は『茶の美学』の中で、「道具もまた生きものである」と題して、三溪の茶会を取り上げています。

三溪園では、大正の頃から恒例となっている蓮の花を愛でる早朝の茶会がありました。それは浄土飯の茶会と呼ばれていました。浄土飯とは、飯櫃の中に緑の蓮の葉を敷き、その上に白飯を盛り、その白飯を紅色の蓮の花弁で覆い、大輪の蓮の花を思わせるような装いにしたもの。各人、花弁を取りのけ、椀に白飯を盛り、若い蓮の実を煮たものを散らし、だし汁をかけて食します。これにいくつかのお菜と菓子、薄茶が振る舞われるといった会でした。

原三溪（三溪園提供）

昭和十二年（一九三七）八月、この浄土飯の茶会開催前、三溪の長男の善一郎が四十五歳の若さで急死します。誰もが茶会は中止になるであろうと思っていたところ、招待状が届きます。こうして初七日を明けた十五日より、いつもどおりの形式で、数回にわたり浄土飯の茶会が催されました。招かれた客の中には、亡くなった善一郎と親しい関係にあった谷川徹三、倫理学者の和辻哲郎《わつじてつろう》も含まれています。特に和辻は夫人とともに、善一郎と非常に親密な関係にありました。和辻の著作『古寺巡礼』に何度も出てくる「Z君」とは、善一郎をさしています。

園内の月華殿《げっかでん》の広間に通されると、床には、友との別れを悲しみ嘆く意を書いた、南宋《なんそう》の禅僧の墨蹟。まず、浄土飯が振る舞われました。お菜は納豆（大徳寺納豆か）と漬物だけのシンプルなもの。三溪の茶会記を見ると菓子は「さつまいも茶巾しぼり　蜂蜜」とあります。時期的には早い芋ゆえに甘みを補うため、あるいは芋の生地がまとまるように蜂蜜を加えたのでしょうか。

さつまいも茶巾しぼり

菓子のあと、席を変え、銘「君不知《きみしらず》」の小井戸《こいど》茶碗で薄茶《うすちゃ》が出されます。茶室の床には源実朝《みなもとのさねとも》が描いたとされる「白衣《びゃくえ》観音」。再び広間に席を移して歓談、アイスクリームが供されました。部屋には銘「面影《おもかげ》」の飾り琵琶。三溪は長男のことには触れず、平静に茶事を進めたそうです。谷川徹三は道具組から「その心中を無言のうちに語られた」と記しています。同様に菓子にも、若くして亡くなった長男への思いが込められていたのではないでしょうか。

# 松永耳庵《まつながじあん》の素朴な菓子

## ――素材の澱粉《でんぷん》も自ら作る

「電力王」「電力の鬼」と呼ばれた松永安左エ門《やすざえもん》（一八七五〜一九七一）は、情熱的・豪放磊落《ごうほうらいらく》な性格の持ち主で、晩年に至るまで電力事業に身をささげた人でした。耳庵の名は、六十歳でお茶を始めたことから『論語』の「六十而耳順《（ろくじゅうにしてみみしたがう）》」にちなんだものです。彼は短期間のうちに鈍翁・三溪から茶の湯の本質や精神を学び、独自のお茶を実践しました。

戦争の影が色濃くなり、彼の東邦電力が国家管理となると、実業界からいさぎよく身を引き、戦後、公人として復帰するまで、埼玉県所沢市の柳瀬《やなせ》荘に籠《こも》って、昔の茶会記を学び、茶三昧《ちゃざんまい》の生活を送ります。とはいっても点前《てまえ》は無手勝流《むてかつりゅう》。茶会のたびに薄茶《うすちゃ》や濃茶《こいちゃ》を点《た》てる手順が変わることから「耳庵流か」と皮肉られると、すかさず「毎日点前が変わるから毎日流だ」とやり返していたそうです。背広姿であぐらをかいて、新聞紙の上に薬缶《やかん》を載せ、絵唐津《えからつ》の茶碗でお茶を点てている自由さあふれる写真は有名です。

彼は抹茶にあう菓子について「甘すぎないように、あと口が悪くなく、少し時が立つと飲み物が

松永耳庵（壱岐市松永記念館蔵）

欲しい気になり」と書いています。実際に彼の茶会記から菓子を探してみると、自分で甘みなどを調整できたからでしょうか、手製の饅頭・栗饅頭・葛餅などが見られます。また、彼の著作に引用されている、鈍翁など食材にこだわる茶人たちの茶会記を見ても、菓子屋に作らせるのではなく、「バナナ甘煮」「百合根つぶし杏ジャム入」（百合根を蒸してつぶし、杏ジャムを包んだものか）など、手製のものが目につきます。

じゃが芋澱粉で作った菓子

戦後すぐのことですが、耳庵は柳瀬荘近くの小川で、地元平林寺《へいりんじ》の食事をつかさどる典座《てんぞ》職の老僧が、じゃが芋を皮付きのまますりつぶし、水に晒《さら》しているところに出会います。この老僧より芋の澱粉の作り方を習った耳庵は「男手でも容易にできることを知って以来、蕨粉、吉野葛と贅沢言わずにお菓子の材料に不自由しない」と記しています。残念ながら実際にどのような菓子に仕立てたのか、具体的な記述は残っていませんが、おそらく、じゃが芋澱粉を鍋で煉って作った、葛《くず》煉《ね》りのような食感の素朴な菓子だったのではないかと思います。

コラム

# 近現代の菓子

## 和洋折衷菓子の工夫

幕府の崩壊、明治維新という混乱の中で、幕府の御用を務めた大久保主水《おおくぼもんと》・金沢丹後《かなざわたんご》など、格式を誇った多くの江戸の菓子屋が廃業します。一方で、文明開化によって西洋文化が流入すると、洋風の食文化が広まり、洋菓子を作る店が増えていきました。早くも明治二年（一八六九）頃には、東京や横浜のように外国人の多い地域で、パンやアイスクリームを作る日本人も登場。明治七年には、酵母の代わりに酒種《さかだね》（麹）を使ってパンをふくらませ、中に小豆餡を入れた「あんぱん」が考案されました。

あんぱんに見られるような和洋折衷のアイデアによって明治〜大正時代には、カステラに羊羹を挟んだシベリアやチョコレート饅頭といった菓子も作られます。浅草や銀座などの歓楽街では汁粉屋や甘味処が賑わいを見せ、みつ豆やあんみつが女性客の人気の的でした。

「東京自慢名物會」風月堂
乾蒸餅《ビスケット》や欧州菓子を作っていた

## 戦時下の菓子

昭和十二年（一九三七）、日中戦争が始まります。戦地へは、兵士の家族や婦人会から、慰問《いもん》品《ひん》として日用品や手紙とともにキャラメル・氷砂糖などが送られました。昭和十五年には砂糖が配給制になったため、材料の入手が困難になります。そして翌年（一九四二）、太平洋戦争に突入。鍋や焼型など金属製の製菓道具は武器生産のため軍に供出《きょうしゅつ》され、多くの菓子店が休廃業を余儀なくされました。

戦争が長期化し、戦況が苦しくなると、「甘いもの」が次第に街から姿を消していき、家庭では乏しい配給物資を工夫し、小麦粉や南瓜《かぼちゃ》・芋、柿の皮などを使って代用食《だいようしょく》や菓子が作られました。

## 戦後の復興

昭和二十年に終戦となりますが、配給は滞っており、食糧事情は相変わらず厳しいままでした。闇物資《やみぶっし》の砂糖や、ズルチン・サッカリンといった人工甘味料を使用した菓子が、わずかに闇市などで売られる程度。比較的入手しやすかった小麦粉を使ってパンを焼いたり、喫茶店を経営したり、やりくりをして営業再開を目指す菓子店もありました。昭和二十七年、ようやく砂糖の統制が解除になり、各地で菓子の製造が再開されます。同年には、「全国菓子大博覧会[1]」が十三年ぶりに開催され、全国から自慢の郷土菓子が多数出品されました。

昭和四十年代には全国的に鉄道網が整備され、レジャー・旅行ブームがおこるなか、観光地では名産品を生かした土産菓子が増えていきます。また、機械による大量生産の実現と包装技術の向上、流通の発展により、多くの地方名菓が、デパートや駅ビルの名店街から全国に広まっていきます。消費者の嗜好が多様化し、目新しいものが求められるようになり、昭和も末にはいちごやバナナを入れた大福など、ユニークな着眼の和菓子が話題に。また、抹茶や小豆といった和の素材を取り入れた洋菓子も工夫され、和と洋の垣根を越えた菓子が増加していきます。

## 和菓子に注目

日々趣向を凝《こ》らした新種の菓子が作られている今日ですが、平成二十五年（二〇一三）に和食がユネスコの無形文化遺産に登録されたこともあり、伝統的な和菓子の良さにも目が向けられるようになったといえるでしょう。おもに植物性の原材料を使う和菓子は体にも良いとされ、小豆にはビタミン$B_1$やポリフェノール、寒天には食物繊維が多く含まれるなど、高い評価を得ています。

唐菓子《とうがし》、点心《てんじん》、南蛮菓子といった外来の食文化の影響を受けながら、長い年月をかけ、日本人の生活のなかで形成されてきた和菓子。日本の風土や歴史が育んできた「文化」の一つとして、今後も大切にしていきたいものです。

季節感ある和菓子

（1）明治時代に始まった帝国菓子飴大品評会を前身とする全国の和洋菓子の博覧会。平成二十九年（二〇一七）には三重県伊勢市で開催された。

第9章

# 思い出は永遠に

## 樋口一葉《ひぐちいちよう》と汁粉

### ——身も心も温めた雪の日のご馳走

女流作家の樋口一葉（一八七二〜九六）は、平成十六年（二〇〇四）に女性として戦後初めて紙幣の肖像画に選ばれ、大きな話題となりました。一葉が文筆活動を始めたのは、父親が早くに病死し、一家を支えなくてはならなくなったからでした。明治二十七年（一八九四）から十四ヶ月間という短期間に『たけくらべ』『にごりえ』『十三夜』などの傑作を次々に発表。文壇で高い評価を受けましたが、肺結核のため、二十四歳という若さで世を去りました。交友関係や家計のやりくりで苦労が絶えず、日記に愚痴や不満を綴ることも多かったのですが、なかには若い女性の初々しさを感じさせる記述もあります。

明治二十四年、東京朝日新聞の記者で小説家の半井桃水《なからいとうすい》を紹介されたときのこと。男盛りの三十歳の桃水は長身の好男子で、十八歳の一葉は初対面の印象を「色いと白く面おだやかに少し笑み給えるさま、誠に三才の童子もなつくべくこそ覚ゆれ」と書いており、好感を抱いたようです。やがて桃水から小説の手ほどきを受けるようになり、ほのかな想いを寄せるようになったといわれます。

樋口一葉（日本近代文学館蔵）

翌年の二月四日。一葉はいつものように原稿の添削を依頼するため、みぞれまじりの寒空も厭《いと》わず、桃水の家へ向かいました。ところが、主は前日の帰宅が遅かったため、寝ている様子。風の入る寒い玄関先で二時間近くも目覚めを待っていた一葉に対し、やっと起きてきた桃水は「なぜ起こしてくれなかったのか、あまりに遠慮が過ぎる」と大笑いします。桃水から、友人らと雑誌を創刊することになったので、ぜひとも創刊号に寄稿を、と勧められ、一葉は持参していた原稿を見せました。桃水に「よろしかるべし、これ出したまえ」との言葉をもらったこの原稿が、処女作となる『闇桜《やみざくら》』（一八九二）です[1]。

やがて隣家から鍋を借りてきた桃水は、雪でなければ、盛大にご馳走するつもりだったのだが、と断わりながら、汁粉を作り始めます。そして、「めしたまえ、盆はあれど奥に仕舞込みて出すに遠し。箸もこれにて失礼ながら」と餅を焼いた箸を添えて出すのでした。こうした気取らない姿は、女所帯に暮らす一葉には新鮮に映ったのではないでしょうか。この雪の日のことは会話の内容まで細かく日記に記されており、特筆すべき心躍る出来事だったことをうかがわせます。寒い雪の日、手製の素朴な汁粉も、一葉にとっては、心も体も温まる最上のご馳走だったことでしょう。

汁粉

（1）桃水主宰の雑誌『武蔵野』の創刊号に掲載された。

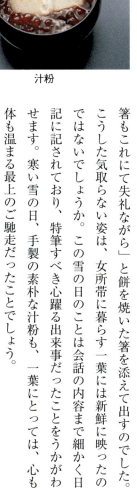

# 小金井喜美子《こがねいきみこ》とくず餅
## ——家族団欒のひとときに

文豪森鷗外の妹、小金井喜美子（一八七〇～一九五六）は、和歌や随筆などを数多く発表しました。死後刊行された随筆『鷗外の思ひ出』（一九五六）では、森家の暮しぶりのほか、学生時代の鷗外にも触れており、二人仲良く浅草などに外出する、ほほえましい情景も書かれています。

ある日、鷗外に誘われ喜美子は散歩に出かけました。住んでいた東京・千住《せんじゅ》の家の近所を歩くのかと思っていたところ、鷗外はどんどん遠くにいってしまい、千住大橋の先、「くずもち」の小さな旗がかかっている掛茶屋でやっと一休みをすることになりました。店番の老婆が四角く切ったくず餅を持ってきてくれたので、喜美子は少しだけ食べ、残りは家族への土産用に包んでもらいます。

夕食後、母がくず餅を三角に切ってくれたので、みなで食べていると、父は川崎大師《かわさきだいし》の店で食べたことがあるが、その店が本家だといっていたと話します。ついで、母は亀戸天神《かめいどてんじん》にある店では暖簾《のれん》が「川崎屋」(1)と染めてあったといい、祖母にもやわらかいから食べるように勧めます。すると祖母は「これはお国のと違って黄粉《きなこ》がわるいね」といいだしたので、みなで「またお祖母様のお国

小金井喜美子
（津和野町森鷗外記念館蔵）

自慢(2)」と笑いました。鷗外もようやく思い出したという顔で、池上本門寺《いけがみほんもんじ》に出かけた際、友人がくず餅を喜んで食べていたことを話します。

森家の人々が食べたくず餅は、葛粉《くずこ》を煉って作った菓子ではなく、発酵させた小麦澱粉《でんぷん》の生地を蒸し上げて作ったものでしょう。ほのかに酸味がある乳白色の生地が特徴で、きな粉と黒蜜をかけて食べます。おもに東京やその近郊で売られ、現在も寺社の門前の茶店や町の甘味処などで見かけますが、江戸時代の創業を謳《うた》った店もあり、人々に長く親しまれてきたことがわかります。

くず餅

ところで、当時鷗外は東京帝国大学（現東京大学）を卒業したものの、希望した留学がなかなか認められず、不安な毎日を送っていました。この日も喜美子との散歩で浮かぬ顔をしていたのですが、家族との楽しい会話が鷗外の心を一時ほぐしたのでしょう。

喜美子は「何ならぬ品も静かな夜の語り草となったので、お土産に持って来た私はにこにこ笑っておりました」と記しています。兄を思う喜美子の気持ちが、そこはかとなくうかがえるお話です。

(1)「船橋屋」の間違いであろう。
(2)「お国」とは、森家の郷里、島根県津和野をさす。

# モースと文字焼《もじやき》
## ——子どもたちの喜び

文字焼は江戸時代から見られる菓子で、鉄板の上に小麦粉などの生地で字や絵を書いて焼き上げるものです。「杓子《しゃくし》程筆では書けぬ文字焼屋」の川柳があるように腕の良い職人もおり、明治時代には東京・神田に、まるで写生画のような文字焼を焼く女性名人がいた、という記録も残っています。一方、駄菓子屋の店先では、客である子どもたちに焼かせていました。

明治十年（一八七七）に来日し、大森貝塚を発見したことで知られるエドワード・モース（一八三八〜一九二五）が、この文字焼について記録しています。寺へ通じる道の途中に立った「戸外パン焼場」（屋台のこと）で、子どもたちがコップに入った、米の粉（あるいは小麦粉）・卵・砂糖を混ぜた生地を買い、巨大な傘の下に置かれた「ストーヴ」で、それを焼くのです。ブリキのさじを使い「少しずつストーヴの上にひろげて料理し、出来上ると掻き取って自分が食べたり、小さな友人達にやったり、背中にくっついている赤坊に食わせたり」するのはどんなに楽しかったことでしょう。

モースは、「薑《しょうが》パンかお菓子をつくった後の容器から、ナイフで生麪《なまこ》の幾滴かをすくい出し、そ

モース

れを熱いストーヴの上に押しつけて、小さなお菓子をつくることの愉快さを思い出す人は、これ等の日本人の子供達のよろこびようを心から理解することが出来るであろう」と書いています。彼も幼い頃アメリカの自宅で、菓子やパンを焼いた思い出があったのでしょう。国籍や時代の違いを越えて、小さな子どもたちの「よろこびよう」に共感するモースと同じ思いを、読者ももつのではないでしょうか。

文字焼

モースは動物学者ではありましたが、日本の風俗に深い関心を示し、日本研究者としても名を成しました。日本人にとっては当たり前過ぎて、そのまま忘れ去られたであろう様々な事柄を、得意のスケッチとともに書き留めた多くの記録は、明治時代初期の貴重な風俗誌となっています。

なお、モースは文章と絵の記録にとどまらず、膨大な物品を収集しました。彼が故国に持ち帰った民俗資料類はピーボディー・エセックス博物館に保管されていますが、コレクションの中には鰹節や海苔、寒天ほか、食品の実物が含まれ、缶入りの羊羹や瓶詰めされた金平糖、京都の干菓子なども今に伝えられています。

# 鏑木《かぶらき》清方《きよかた》とよかよか飴売り
## ――京橋《きょうばし》・大根河岸《だいこんがし》風景

鏑木清方（一八七八〜一九七二）は、江戸情緒ただよう風俗画や美人画を得意とした画家ですが、かつて小説家を目指したほど文才にも恵まれており、多くの随筆を残しています。前半生にあたる明治時代のエピソードを綴った『こしかたの記』（一九六一）では、水野年方《みずのとしかた》のもとでの修業時代の苦労や、彼が暮らした京橋や湯島《ゆしま》の様子などを知ることができます。清方は菓子が好物だったこともあり、修業中はおやつの時間が楽しみで、師匠のお気に入りだった焼芋を自分も好きになったとか、市松《いちまつ》という摺師《すりし》が清方の家を訪ねてくるときの定番の手土産が塩煎餅（醤油味の米煎餅）だったなど、馴染みのある菓子がよく出てきます。また、よかよか飴売りのように菓子を売る人たちについても書いています。

大根河岸　『風俗画報』(国立国会図書館蔵) より

よかよか飴売りは旗や提灯《ちょうちん》などを立てた盤台《はんだい》を頭に載せ、歌や踊りを見せた振り売りの飴売りです。「よかよか飴」とは「良い飴」を意味するともいわれますが、『こしかたの記』ではどのような飴だったのか触れていません。しかし、現在のような砂糖を使ったものではなく、水飴を煮詰め、引きのばしながら空気を入れて白くした、晒《さら》し飴のようなものだったのではと考えられます。

清方がよかよか飴売りを見たのは、子どもの頃住んでいた京橋の大根河岸(1)でした。現在でこそ東京の中心地ですが、当時はまだ町はずれで、こうした場末なら飴売りはどこでも見られたといいます。清方は「ぞろぞろ子供や守《もり》っ子が附いて歩く一組を見かけぬ日は稀《(ま)》れであった。飴売りの後《あと》を追って迷子になったり、子守娘がそのまま帰って来ないなどの噂はたびたび聞えた」などといっていますが、そのような話題が出るほど、子どもたちの人気者だったのです。

よかよか飴売り(イラスト:森田ミホ)

大根河岸のよかよか飴売りは、名優でしかも美男だった歌舞伎役者の五代目坂東彦三郎《ばんどうひこさぶろう》(坂彦)に似ており、小粋《こいき》な女房が弾く三味線にあわせて、柄の付いた太鼓を叩《たた》きながら踊りまわっていた、と清方は書いています。今でいう、歌って踊れるアイドルのようなものだったのでしょう。

(1) かつて京橋川(現在は埋め立てられている)にあった青物市場のこと。現在の中央区京橋から八重洲付近にあたる。

# 森鷗外《もりおうがい》と饅頭茶漬け

## ——硬派な文豪の奇妙な好物

森鷗外（国立国会図書館蔵）

森鷗外（一八六二〜一九二二）は、『雁《がん》』『山椒大夫《さんしょうだゆう》』などの名作を残した明治の文豪です。代表作の一つ『舞姫』を教科書で読まれた方も多いのではないでしょうか。亡くなるまでの四年余りは帝室博物館（現東京国立博物館）総長兼図書頭《ずしょのかみ》を務め、研究成果の公開や展示の改善に取り組んだほか、館蔵の古典籍の解題執筆もしました。軍医としても業績を残しており、硬派な印象の一方で、妻子に対する大甘ぶりも有名です。

さて、潔癖症で果物も野菜もけっして生では食べなかったという鷗外には意外な好物がありました。長女の森茉莉《まり》は「私の父親は変った舌を持っていたようで、誰がきいても驚くようなものをおかずにして御飯をたべた」として饅頭茶漬けを紹介しています。いただき物の大きな葬式饅頭、「表面は、釣《つ》り忍《しのぶ》に使うあの、忍草《しのぶぐさ》を白く抜いて焦がしてある」ものを「象牙色で爪の白い、綺麗な掌で二つに割り、それを又四つ位に割って御飯の上にのせ、煎茶をかけて美味しそうにたべた。饅頭の茶漬の時には煎茶を母に注文した。子供たちは争って父にならって、同じようにしてたべた」のだそうです。

真っ白なご飯の上の饅頭からのぞく薄紫の餡、緑に透き通る煎茶の色……。鷗外のイメージとのミスマッチもあいまって、なんとも不思議な食べ物に思えますが、実際に作ってみたところ、さっぱりと軽い味わいで、言葉から受ける印象ほど奇抜なものではありませんでした。茉莉は、その味についてこう語っています。

これを読む人はそれは子供の味覚であって、父親の舌はどうかしている、と思うだろうが、私は今でもその渋くいきな甘みをすきなのである。たしかに禅味のある甘みだ。

一方で次女の小堀杏奴《こぼりあんぬ》は「(鷗外は)甘い物を御飯と一緒に食べるのが好きで、私などどう考えてもそんな事は出来ないが、お饅頭を御飯の上に載せてお茶をかけて食べたりする」と書いていますので、彼女の方が食に関しては少し保守的だったのかもしれません。それでもどんなものか気になったのでしょう、少しまねて、甘く煮た小豆でお茶漬けにしてみて、それは「ちょっとおいしかった」といっています。子どもたちそれぞれに、深い印象を与えていたとはいえそうです。

ちなみに鷗外は、焼餅を醤油にひたしたものをご飯に載せ、番茶やほうじ茶をかけるのも好んだようです。もしかしたらお茶漬けが好きだったのでしょうか。

饅頭茶漬け

## 牧野富太郎《まきのとみたろう》とドーラン
### ——研究仲間と食べたおやつ

自らを「草木の精《そうもくのせい》」と呼び、植物の研究に生涯をささげた牧野富太郎（一八六二〜一九五七）。多くの植物図鑑を刊行し「日本の植物分類学の父」と称された人物でしたが、各地で催された植物同好会へ積極的に参加し、広く植物の素晴らしさを伝えた気さくな人柄であったといわれます。

牧野が親交を結んだ研究者に、四歳下の植物学者、池野成一郎《いけのせいいちろう》がいます。池野とは、牧野が東京帝国大学（現東京大学）理学部の植物学教室に出入りをするようになった明治十七年（一八八四）頃からの付き合いで、一緒に食事をしたり、採集旅行に出かけたりするほどの親しさで、池野の死後刊行された『牧野植物随筆』（一九四七）には、「池野成一郎博士に対する思い出話」として二人の交友が綴られています。池野はとにかく食べるスピードが速かったようで「牛鍋をツッツキ合う時、こちらが油断していると皆同君にしてやられてしまう危険率が多かった」のだとか。牧野があきれる様子が想像されます。

菓子の記述で目を引くのが、ときどき食べたという「ドーラン」でしょう。

牧野富太郎（高知県立牧野植物園蔵）

本郷の春木町に梅月という菓子屋があってドーランと呼ぶ栗饅頭式の菓子を売っていた。形が煙草入れの胴乱みたよう《（ママ）》で、それが大層ウマカッタので、時々君とそれをその店へ食いに行った。

牧野は「栗饅頭式」といっているのですが、生地や餡について書いていません。名前が近いところでは、江戸時代に人気のあった胡麻《ご ま》胴乱《どうらん》が挙げられるでしょうか。煙草や小銭を入れる小物入れの胴乱に見立てたという菓子で、砂糖を小麦粉生地で包んで焼くと砂糖が熱で溶けて沸騰し、生地の内側にはりついて空洞になるという変わり種です。胡麻胴乱はその後廃れてしまいましたが、九州ほかでは、現在も中が空洞の菓子（一口香《いっこうこう》）が作られています。二人が食べたドーランはそうしたものだったのでしょうか。

胡麻胴乱

なお、牧野は七十七歳のとき、「東京中で一番ウマイ菓子のあるところへ君を案内し、往時を偲ぶことにしたいと期待している。（中略）双方劣らぬ元気であるから、お菓子の十や二十をパクツクのはなんのゾウサもないであろう」と考えていたそうです。しかし、池野は世を去り、その計画が実ることはありませんでした。

「東京中で一番ウマイ」菓子屋とはどこだったのでしょうか。もしかしたら二人が仲良く食べたドーランを売っていた店だったかもしれません。

# 室《むろ》生《お》犀星《さいせい》と幼少時代の菓子

## ――小さな胸に刻まれた、ささやかな幸せ

菓子処として知られる石川県の金沢。詩人の室生犀星（一八八九～一九六二）は最晩年、随筆「寒蝉亭雑記　金沢」で、生まれ育ったこの土地の菓子を「一体に軽い甘いもの」が多く、「主に品と雅と淡さとを目ざした味わいから造られてあった」と綴り、薄氷《うすごおり》・寿《ことぶき》せんべい・長生殿《ちょうせいでん》・柴舟《しばふね》といった銘菓の名を書き連ねました。犀星は、親しかった芥川龍之介と金沢の菓子を食べ歩いたというエピソードをもつなど、菓子好きとして知られ、三十歳のときに手がけた最初の小説『幼年時代』（一九一九）も、実母との菓子の話で始まります。

六十歳を過ぎた旧加賀藩士の小畠《こばたけ》弥左衛門《やざえもん》と、三十代の小畠家の小間使ハルのあいだに生まれた犀星は、出生の事情から生後すぐに雨宝院《うほういん》の住職、室生真乗《しんじょう》の家に養子に出されてしまいます。幼い犀星は養家に馴染めず、養母に内緒で毎日のように両親の住む実家へ遊びにいきました。「広い果樹園にとり囲まれた小ぢんまりした家」で、茶の間は茶棚や戸障子まで掃除が行き届き、時計の音が聞こえるほど静かな場所でした。

室生犀星（室生犀星記念館蔵）

家に着くとすぐにおやつをねだるのが常で、母はいつも菓子を器に入れ、「特別な客にでもするように」お茶を添えてくれました。出されたのは羊羹や最中とありますから、犀星のためにわざわざ買っておいたものでしょう。我が子の訪問を心待ちにし、菓子を選ぶ母の姿が想像されます。対する犀星は、きちんと皿に盛られた菓子やお茶のもてなしを、大人扱いをされているようで嬉しく思ったのではないでしょうか。

四《よ》方《も》山話《やまばなし》をしながら菓子を食べ、ときには母の膝に甘えて眠ることもありました。そんなひときを、「何も彼も忘れ洗いざらした甘美な一瞬の美しさ、その幽遠さは、あたかも午前に遊んだ友達が、十日もさきのことのように思われるのであった」と表現しています。

羊羹

しかし、九歳のときに実父が他界。生母は小畠家の親類に追い出され、犀星と別れの言葉も交わせぬまま姿を消してしまうのでした。

犀星はのちにこの処女作の誕生を振り返って、当時は詩で生計を立てることが難しく、小説を書こうと思いたち、「出足がかきよいもの」として自分の伝記から始めたと書いています。その脳裏にまず浮かんだものが、実家で過ごしたひとときだったのでしょう。犀星の心に残り続けた幸福な思い出に、菓子好きの原風景を見る思いがします。

# 中勘助《なかかんすけ》と駄菓子
## ――幼き日の宝物

中勘助（一八八五～一九六五）は、珠玉の名作『銀の匙《さじ》』の作者です。明治十八年、東京・神田に生まれ、病弱でしたが、母親代わりの叔母は、薬を飲ませるのに銀の匙を使うなど、愛情深く世話をしたそうです。本のタイトルはこれにちなんでおり、幼少より十七歳の青春期までが回想するようにゆったりと綴られています。明治時代の年中行事や風俗の細やかな描写も随所に見られ、夏目漱石の推薦により、大正二年（一九一三）と四年に「東京朝日新聞」に連載、絶賛されました。勘助は『提婆達多《でーばだった》』『犬』など、小説や詩集も残していますが、『銀の匙』ほど、心の琴線に触れる作品はないといえます。

菓子好きにとって特に嬉しいのは、駄菓子の思い出が語られているところ。勘助の行きつけの駄菓子屋は藁屋根の古い造りで、お爺さん、お婆さんが店番をしていました。店はさびれていても、そこで目にする色とりどりの駄菓子は、子どもにとって宝物のような存在だったのでしょう。

きんか糖、きんぎょく糖、てんもん糖、微塵棒。竹の羊羹は口にくわえると青竹の匂がしてつ

中勘助（日本近代文学館蔵）

るりと舌のうえにすべりだす。飴のなかのおたさんは泣いたり笑ったりしていろんな向きに顔をみせる。青や赤の縞になったのをこっきり噛み折って吸ってみると鬆《す》のなかから甘い風が出る。

「きんか糖」は金花糖のことで、砂糖液を型に入れて固めた干菓子。板状の小さなもののほか、野菜や果物、鯛などをかたどり、彩色した華やかなものがあり、後者は今も金沢を代表に、可愛らしい雛菓子として作られています。「きんぎょく糖」は錦玉糖、金玉糖とも書き、寒天と砂糖を溶かし、煮詰めて固めたもの。「てんもん糖」は、漢方薬にも使われる天門冬《てんもんどう》（クサスギカズラ）の砂糖漬でしょうか。「微塵棒」は、みじん粉（もち米を加工した粉）に砂糖を加え、棒状にねじった菓子、「竹の羊羹」は、竹筒に入った（竹流し）羊羹。そして「飴のなかのおたさん」は、金太郎飴の女性版、お多福飴（大阪では「おたやん」とも）。一つひとつ表情が異なるのが楽しく、見ているうちに笑みがこぼれます。「青や赤の縞」は筋文様の有平糖《あるへいとう》（260頁）と思われます。「鬆」（すきま）から出る「甘い風」に、似たような経験を思い出す方も少なくないのでは？

勘助の感性豊かな文章によって、幼年時代に味わい、心ときめいた駄菓子の思い出が蘇ってくるようです。

「仙台駄菓子づくし」（部分）　いせ辰

## 斎藤松洲《さいとうしょうしゅう》と「目食帖《もくしきじょう》」
### ——目で味わったあとは……

いただき物の食品を日々絵で記録した、「目食帖[1]」という写生帳があります。明治四十二年（一九〇九）から昭和九年（一九三四）まで二十五年間にわたって描かれ、六十五冊におよぶ冊子は、どの頁もスケッチでびっしりと埋められています。果物や野菜・干物・漬物、そして当時も贈り物の定番であった菓子の数々が、墨と淡い色彩によって描かれ、その名のとおり「目」で味わうことができる楽しい帳面です。

描いたのは日本画家の斎藤松洲（一八七〇～一九三四）。明治の終わりから昭和の初めにかけて本の装丁家や挿絵家として活躍した人物です。しかし現在目にすることができる画集は大正五年（一九一六）刊行の『仰山閣画譜《ぎょうざんかくがふ》』のみとなっており、作品についても人物に関しても、あまり資料は残っていません。「目食帖」に名前が見える贈り主の中には、画家上村松園《うえむらしょうえん》や学者松村介石《まつむらかいせき》、文学者宇田川《うだがわ》文海《ぶんかい》など、著名人も含まれており、松洲の交友範囲がうかがえるという意味で、大変貴重な資料といえるでしょう。

「目食帖」(東京都江戸東京博物館蔵)
虎屋の菓子が見える

菓子に注目すると、柏餅や千歳飴などの行事菓子、京都の蕎麦ぼうろ、山形ののし梅《うめ》といった地方銘菓のほか、珍しいものでは宮中で正月に食べられる菱葩《ひしはなびら》(2)まで、様々に並んでいます。商標が模写されていたり、店名や菓子のいわれが書かれていたりするのも、興味を引かれるところです。

なかには、虎屋のものも。杜若《かきつばた》をかたどった菓子と、菊花紋を置いた長方形の菓子は、「三河《みかわ》の沢《さわ》」(『伊勢物語』にちなむ菓銘。195頁)と「九重《ここのえ》」だと思われます。「明治四十四年五月十三日」の日付、贈り主の名前(「佐藤忠蔵氏」か)とともに「両陛下ニ拝謁之節下賜　佐藤氏より分与を受く」と書き添えられていることから、「佐藤氏」が明治天皇皇后両陛下より賜った菓子のお裾分けだったようです。別の頁には、虎屋の包装紙や、木箱に入った「夜の梅」「おもかけ《(げ)》」も見えます。

三河の沢

「目食帖」に描かれた食品は全部で一万点余り。平均すると一ヶ月に約三十点という驚くべき量のいただき物があったことになりますが、人に分けることはほとんどなかったという松洲。虎屋の菓子も、丹念に見て描いたあとは自身の口へ入れたのではと想像されます。残念ながら味についての言及はありませんが、全国各地の菓子に通じていたであろう松洲が、「舌」で味わった感想も聞いてみたかったところです。

(1)「目食帖」は江戸東京博物館ホームページの収蔵品検索で全頁の画像を閲覧可能。(二〇一七年五月現在)

(2)円くのした餅の上に小豆色の菱餅と白味噌、砂糖煮の牛蒡を載せ、二つに折った行事食。

# 正岡容《まさおかいるる》と「ただ新粉《しんこ》」

## ——作って遊ぶ、子どもの楽しみ

着色した新粉（うるち米の粉）生地で様々なかたちを作る新粉細工は、江戸時代から見られる子ども相手の露天の商売。数十年前までは祭礼の縁日などにも並んでいました。注文に応じ、はさみをたくみに使って動物や鳥を作り上げるのが腕の見せどころで、明治時代には、東京・神楽坂《かぐらざか》に、むきかけの蜜柑《みかん》や亀、馬に乗った軍人までをも精密に作ってみせる名人がいたといいます。

こうした細工物のほかに、寄せ鍋やただ新粉と呼ばれるものも売られていました。新粉生地で作った皿に、細長くした生地を小ばさみで刻んで盛りつけた寄せ鍋には、楊枝《ようじ》が添えられており、黒蜜や白砂糖をかけておやつにしました。

ただ新粉は、片木板《へぎいた》に色付きの新粉生地を点々と載せたもので、子どもたちが粘土のように思い思いのかたちを作って遊びました。[1] 今日ではすっかり姿を消してしまいましたが、東京の下町風俗に通じ、寄席や演芸を題材にした小説や鋭い評論を残した正岡容（一九〇四～五八）に「ただ新粉」と題した一文があります。正岡が幼い日に親しんだ戦前のそれは、「正面へドデンと白い山脈のや

ただ新粉　『いろは引江戸と東京風俗野史』より

うなものが据えられ、その前へ赤、青、緑、黄、黒、時として金、銀までの小さな色新粉の舎人《とねり》のごとくとあしらはれてゐるもの」だったのだとか。一体何で着色したのでしょう、金銀まであったとは驚きです。

ところが、戦時中、正岡の義妹が買ってきたのは、「一めんの黙々と白い、巨いなる固まり」でした。かねがね自著の表紙を「ありし日の下町生活の象徴」である色とりどりのただ新粉の絵で飾りたいと考えていた正岡。しかし、こうした白一色のものしか知らない若い読者がその絵を見ても、「此は一体何だ色見本かとでも云ふことになりさうである」と嘆息しています。実現されませんでしたが、絵は、永井荷風《ながいかふう》の新聞連載小説『濹《ぼく》東綺譚《とうきたん》』の挿絵で知られる洋画家の木村荘八《きむらしょうはち》に依頼したいとも書いており、情緒的な風俗画を得意とした荘八だったら、この菓子をどのように描いたか気になるところです。そこにはただ新粉で楽しげに遊ぶ子どもたちの姿がいきいきと描き出されたのではないでしょうか。

新粉細工の屋台
『いろは引江戸と東京風俗野史』より

（1）　鬢付油が添えられており、生地が手に付かないよう油を付けながら遊んだという。

# 前川千帆《まえかわせんぱん》と『偲糖帖《しとうちょう》』
## ——忘れられぬ味を絵に

ここに、色とりどりの菓子の絵が多色木版で刷られた一冊の本があります。手のひらサイズで、折り本仕立ての本の名前は『偲糖帖』[1]。作者は、新聞の連載漫画で活躍した京都生まれの版画家、前川千帆（一八八八〜一九六〇）です。

さて、書名の「糖」を「偲《しのぶ》」とはどういう意味でしょうか。この本が刊行されたのは「昭和二十年　早春」、つまり太平洋戦争末期のこと。物資が不足し、甘いものもすっかり姿を消してしまったご時勢、千帆は饅頭喰人形《まんじゅうくいにんぎょう》が描かれた序文（左頁）で、狐にだまされ馬糞を牡丹餅だと思って食べたという昔話の男を、「たとへ一時の迷ひでも　とに角牡丹もちを食つた」ことを「むしろ羨んで然るべし」と書いています。

そんな戦時下に「華かなりし頃のもろもろの糖分を偲んで僅《（わずか）》に慰《（なぐさ）》む　又　娯《（うれ）》しからずや」と思いたち、慰みに思い出の菓子の名を書き上げ、挿絵を添えたというのが本書。列記された菓子（258頁）は、昔ながらの肉桂糖《にっけいとう》・落雁・飴・おこし・羊羹から、洋菓子のプリンやビスケット、チョコレー

『偲糖帖』の表紙

トに至るまで、その数は三七六個にのぼり、壮観です。千帆自身、その多種多様さに圧倒され、「果ては現在の糖分要求の慾望さへ忘るるの錯覚」を起こしたというのもうなずけます。

しかし、絵に描いた餅を眺める、単なる食いしん坊と笑ってはいけません。「既にして現代人の嗜好の外にあるものあり　落伍《らくご》久しきものあり」「列記して文献となす」との一文からは、消えゆく菓子を書き残そうとする気概と深い愛情が伝わります。たしかに、「砂子もち」「せんべいまんぢう」「大文字ポテト」など、現在では名前を聞かないものもちらほら。「鯛やき」や「今川やき」と並んで見える「ツエッペリンやき」は、昭和四年（一九二九）に日本に飛来したドイツの飛行船ツェッペリン伯号の人気にあやかって作られた飛行船形の焼菓子のことで、時代を感じさせます。

一つひとつ手で彫られた文字には、活字にはないぬくもりがあり、素朴な絵はどれも本当においしそうです。二百部限定で発行された『偲糖帖』を手にした人々は、千帆同様、ほんの一時でも戦時中の空腹を忘れ、菓子の味を思い起こして頬をゆるめたことでしょう。

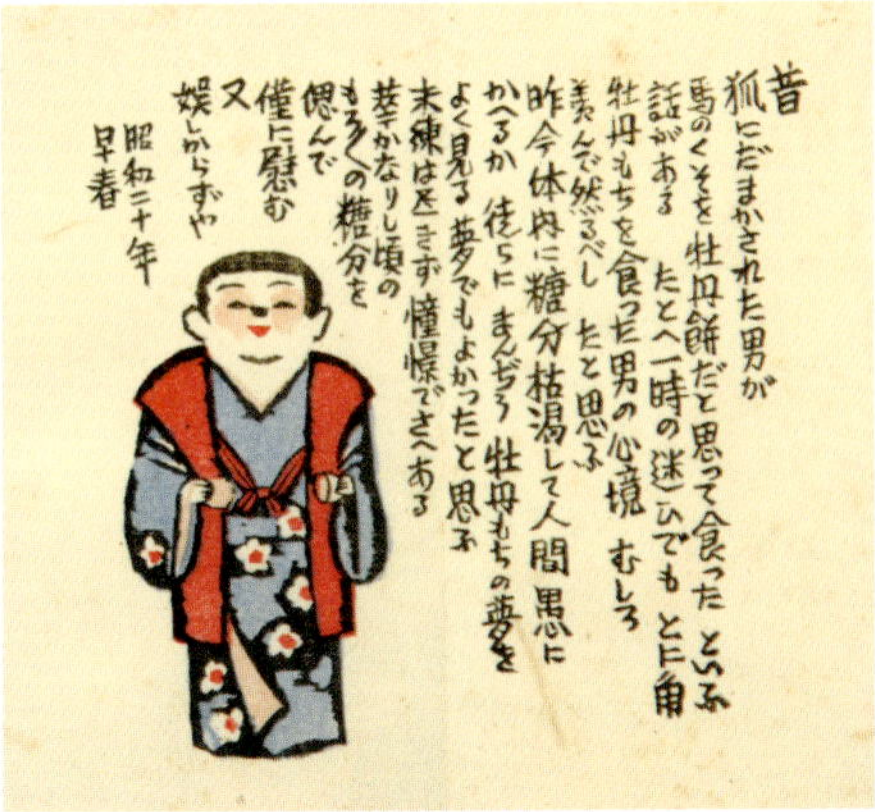
昔
狐にだまかされた男が
馬のくそを牡丹餅だと思って食った という
話がある　たとへ一時の迷ひでも と角
牡丹もちを食った男の心境 むしろ
羨んで然るべし と思ふ
昨今体内に糖分枯渇して人間愚に
かへるか 徒らに まんぢう 牡丹もちの夢を
よく見る 夢でもよかったと思ふ
未練は尽きず 憧憬でさへある
華かなりし頃の
もろもろの糖分を
偲んで
僅に慰む
又
娯しからずや
昭和二十年
早春

序文の頁

（1）「張子だるま」「千代紙」といった暮しの身近にある美に着目し、一テーマを一冊にまとめた版画の作品集『閑中閑本』シリーズ全二十七巻の第一作にあたる。

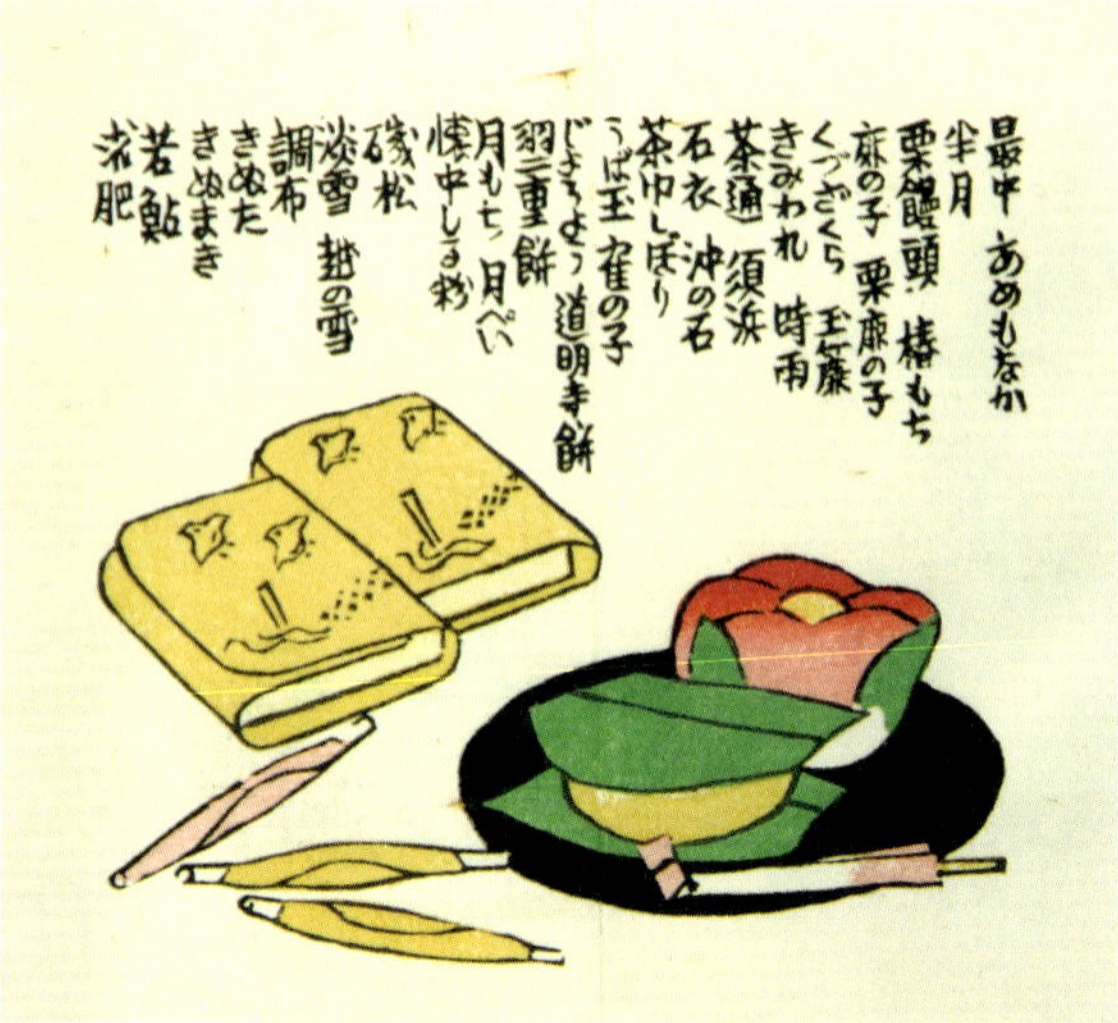
最中 あめもなか
半月
栗饅頭 椿もち
麻の子 栗麻の子
くづざくら 玉簾
きみわれ 時雨
茶通 須浜
石衣 沖の石
茶巾しぼり
うば玉 雀の子
じょうよう 道明寺餅
羽二重餅
月もち 月べい
懐中しる粉
磯松
淡雪 越の雪
調布
きぬた
きぬまき
若鮎
求肥

さくらもち
うぐひすもち
草もち
柏もち 粽
ちまきだんご
蕨もち
みなづき
しんこもち
雛菓子
菱もち
おいり
紅白あられ
干ぶどう
甘栗
ころ柿
串柿
巻柿
干杏
干バナナ
干リンゴ
富貴糖
龍眼肉

『偲糖帖』より

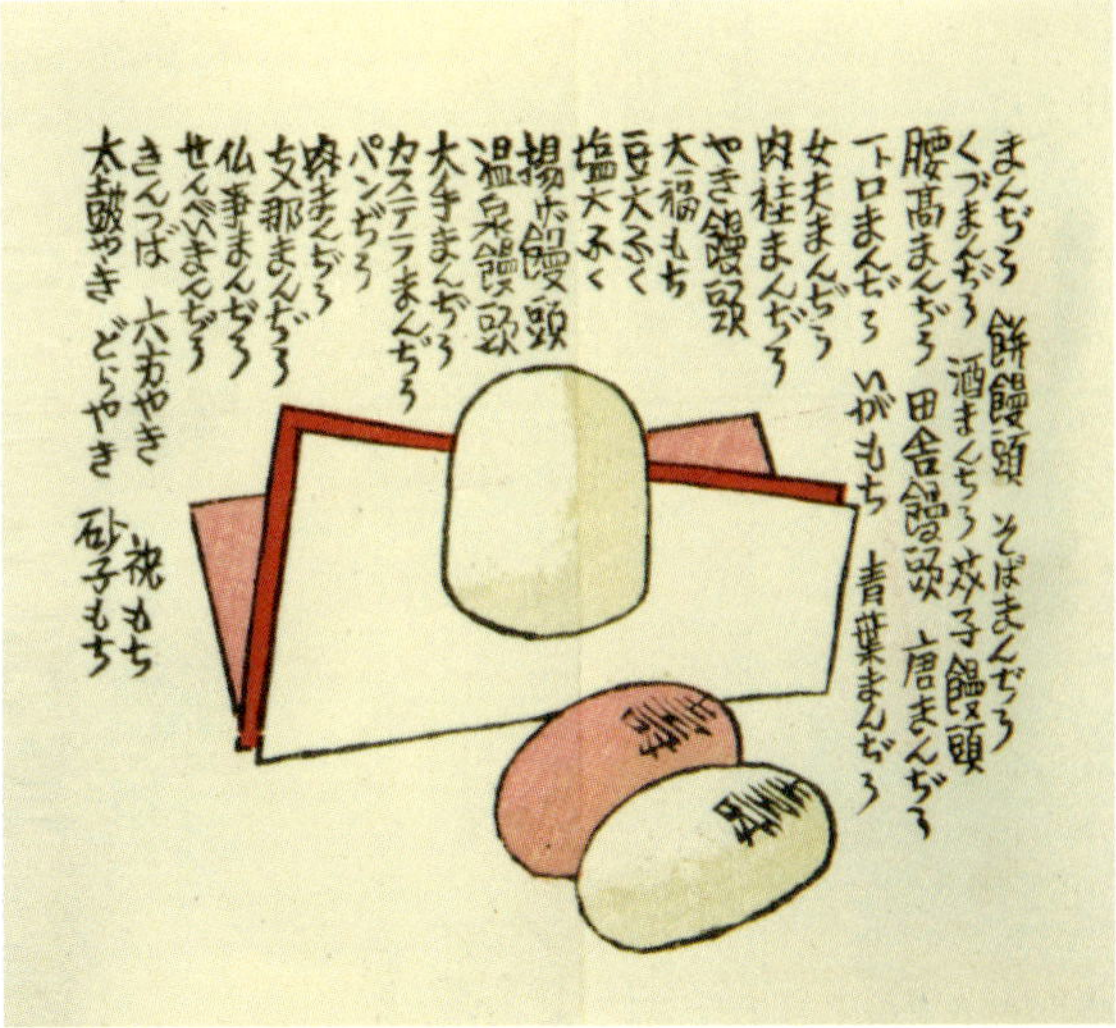
まんぢう　餅饅頭　そばまんぢう
くづまんぢう　酒まんぢう　芥子饅頭
腰高まんぢう　田舎饅頭　唐まんぢう
トロまんぢう　いがもち　青葉まんぢう
女夫まんぢう
肉桂まんぢう
やき饅頭
大福もち
豆大ふく
塩大ふく
揚げ饅頭
温泉饅頭
大手まんぢう
カステラまんぢう
パンぢう
肉まんぢう
支那まんぢう
仏手まんぢう
せんべいまんぢう
きんつば　六方やき　祝もち
太鼓やき　どらやき　砂子もち

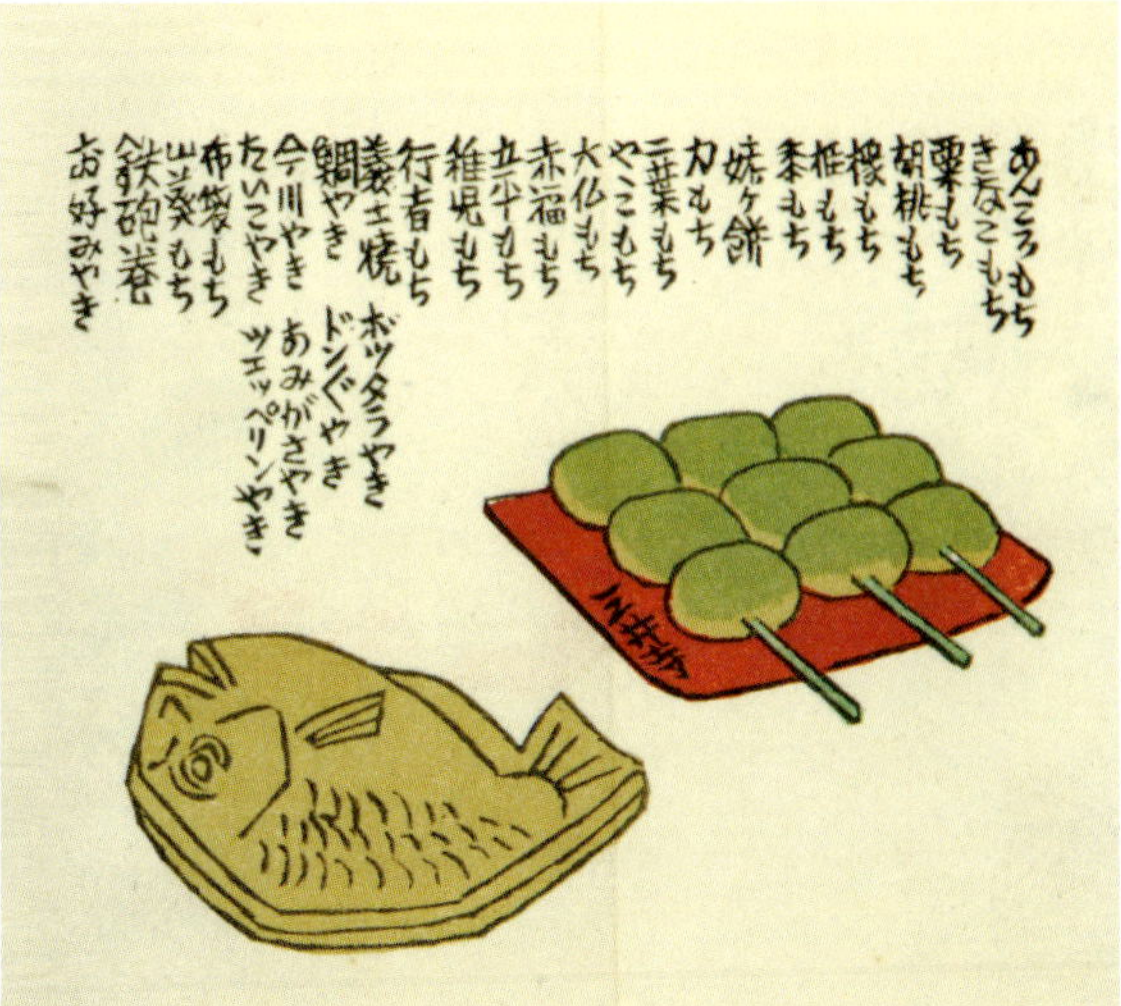
あんころもち
きなこもち
栗もち
胡桃もち
橡もち
椎もち
黍もち
姥ヶ餅
力もち
二葉もち
やこもち
大仏もち
赤福もち
五平もち
稚児もち
行者もち
義士焼　ボッタラやき
鯛やき　ドンぐやき
今川やき　あみがさやき
たいこやき　ツエッペリンやき
布袋もち
山葵もち
鉄砲巻
お好みやき

## 森《もり》茉《ま》莉《り》と有平糖《あるへいとう》
### ——私のプティット・マドゥレエヌ

文豪、森鷗外の五人の子どものなかで、作家として著名なのは長女茉莉（一九〇三～八七）でしょう。明治三十六年に東京・千駄木《せんだぎ》で生まれ、文壇でのデビューは遅かったものの、五十四歳のとき、父親への愛を綴った『父の帽子』で日本エッセイスト・クラブ賞、その後長編『甘い蜜の部屋』で泉鏡花文学賞を受賞しており、ほかにも『贅沢貧乏』『ドッキリチャンネル』などのエッセイが知られます。文豪の娘として恵まれた境遇でしたが、二度の結婚に破れ、晩年はつつましく一人で暮らし、八十四歳で亡くなりました。

貧しいなかにも精神的貴族生活を貫いて書かれたエッセイには耽美的なものが多く、独特の雰囲気をただよわせています。「お菓子の話」もその一つでしょう。父親が宮中から持って帰った煉切《ねりきり》、「常用」していた半生菓子などについて語っていますが、特に惹かれていたのは有平糖の花菓子だったようです。様々な花を束ねた「想い出のお菓子」で、「一回分のおやつとして母はその中の桜の二三輪とか、牡丹の花片の幾つか、というように折って私に、与えた。硝子戸越しの午後の陽の光

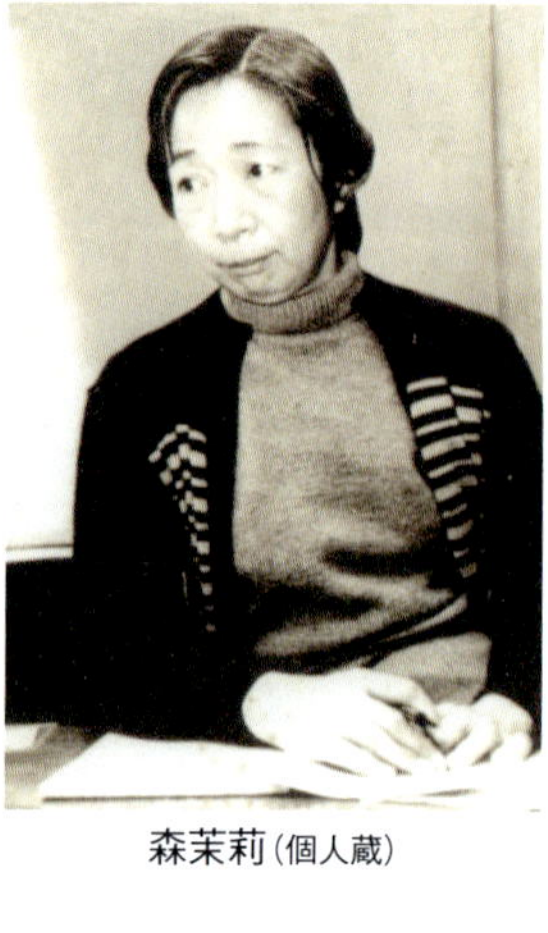

森茉莉（個人蔵）

に、桜の淡紅、葉の緑、牡丹の真紅《あか》、などが、きらきらと透徹り、ヴェネツィア硝子か、ボヘミア硝子の、破片《かけら》のように光った」と描写しています。

有平糖は南蛮菓子（112頁）の一つで、ポルトガルの砂糖菓子、アルフェロア（Alféloa）、あるいはアルフェニン（Alfenim）に由来するといわれます。江戸時代後期には、彩りも華やかでかたちも様々

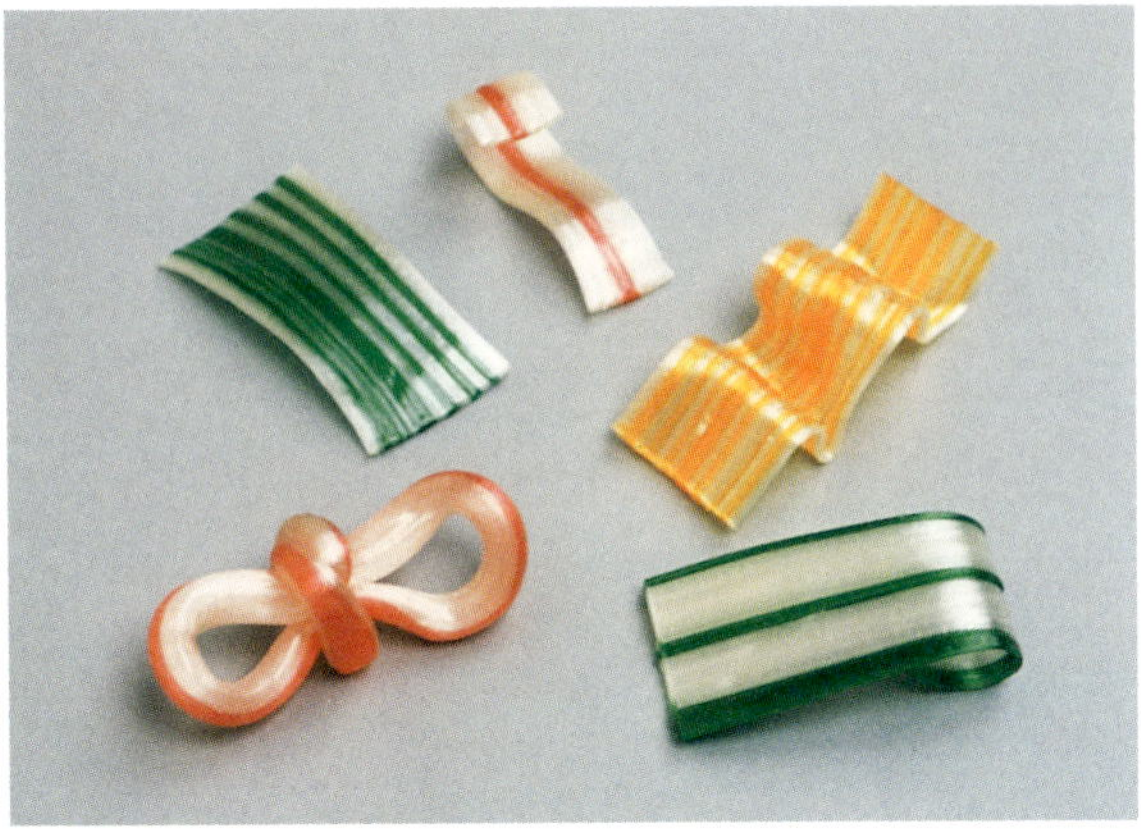
有平糖（日本菓子専門学校製作）

な有平糖が工夫され、贈答品としても好まれました。現在も雛祭りや茶席の干菓子として知られますが、文中の「花菓子」を思わせる凝《こ》った有平糖を見る機会は減ったように感じます。

森茉莉はフランス文学に傾倒していたためか、マルセル・プルーストの『失われた時を求めて』を意識して、「有平糖は私のプティット・マドゥレエヌ」と書き残しています。紅茶にひたしたマドゥレエヌ（マドレーヌ）が主人公（プルースト）の遠い日の記憶を呼び起こすように、有平糖は幼年時代の香《かぐわ》しい思い出を蘇らせてくれたことでしょう。彼女の孤独な晩年を思うとき、この言葉は心に響きます。

## 和菓子の歴史年表

| 時代 | 西暦 | 年号 | 菓子関係（○印虎屋関係） | 政治・社会 |
|---|---|---|---|---|
| 縄文 | 前一万頃 | | 田道間守が非時香菓をもたらしたという伝説あり（『日本書紀』『古事記』） | 縄文時代後期、水稲耕作広まる |
| 弥生 | 二三九 | | | 邪馬台国の卑弥呼、魏に使いを送る |
| 飛鳥 | 五九三 | | | 聖徳太子（厩戸王）、政務に参加 |
| | 六四五 | | | 大化の改新 |
| 奈良 | 七一〇 | | | 平城京に遷都 |
| | 七三七 | 天平九 | 『正倉院文書』「但馬国正税帳」に大豆餅、小豆餅、飴ほかあり | |
| | 七三八 | 十 | 『正倉院文書』「淡路国正税帳」に麦形ほかあり | |
| | 七五二 | | | 東大寺大仏開眼供養 |
| | 七五六 | 天平勝宝八 | 『正倉院文書』「奉盧舎那仏種々薬帳」に蔗糖あり | |
| 平安 | 七九四 | | | 平安京に遷都 |
| | 九二七 | 延長五 | 『延喜式』に、索餅、糖ほかの店あり | |
| | 九三五以前 | 承平五 | 『和名類聚抄』に餢飳、糫餅ほか唐菓子あり | |
| | 一〇〇一頃 | 長保三 | 『枕草子』に餅餤、甘葛、青ざしほかあり | |
| | 一〇〇八頃 | 寛弘五 | 『源氏物語』に亥の子餅、椿餅、粉熟ほかあり | |
| | 一〇一六 | | | 藤原道長、摂政となる |
| | 一〇八六 | | | 白河上皇、院政開始 |
| | 一一六七 | | | 平清盛、太政大臣となる |
| 鎌倉 | 一一九二 | | | 源頼朝、征夷大将軍となる |
| | 一二一一 | 建暦元 | 栄西『喫茶養生記』を著す | |

| | | | | |
|---|---|---|---|---|
| 室町 | 一二四一 | 仁治二 | 聖一国師、酒皮饅頭の製法を伝える | |
| | 〃 | | 道元、天皇の誕生日を祝う法会の饅頭・羹について説く（『正法眼蔵』） | |
| | 一二七四 | | | 文永の役（蒙古襲来） |
| | 一二八一 | | | 弘安の役（蒙古襲来） |
| | 一二九五以降 | 永仁三 | 『厨事類記』に唐菓子の製法あり | |
| | 一三三四～三五 | | | 建武新政 |
| | 一三三八 | | | 足利尊氏、征夷大将軍となる |
| | 一三四九頃 | 貞和五 | 林浄因、塩瀬饅頭の製法を伝える | |
| | 十四世紀中頃 | | 『庭訓往来』に点心として鼈羹、猪羹、砂糖羊羹、饅頭ほかあり | |
| | 一三九二 | | | 南北朝の合体 |
| | 一四六七～七七 | | | 応仁・文明の乱 |
| | 一五〇〇頃 | 明応九 | 『七十一番職人歌合』に砂糖饅頭、菜饅頭の名あり | |
| | 一五〇四 | 永正元 | 『食物服用之巻』に羹類の食べ方などあり | |
| | 一五二一～二八 | 大永年間 | ○虎屋、この頃京都で創業 | |
| | 一五四三 | | | ポルトガル人が種子島に漂着（鉄砲伝来） |
| | 一五六九 | 永禄十二 | 宣教師ルイス・フロイス、織田信長に金平糖を献上 | |
| | 一五七二 | 元亀三 | 三方ヶ原の戦いで大久保藤五郎が徳川家康に菓子を献上 | |
| 安土桃山 | 一五八二 | | | 本能寺の変 |
| | 一五八六 | 天正十四 | ○虎屋、後陽成天皇の御在位中より禁裏（御所）御用を始める | |
| | 一五九〇 | | | 豊臣秀吉、全国統一 |

江戸

| | | | |
|---|---|---|---|
| 一六〇〇 | | | 関ヶ原の戦い |
| 一六〇三 | 慶長八 | 『日葡辞書』に草餅、葛餅、羊羹、栗の子餅など、当時の菓子名多数あり | 徳川家康、征夷大将軍となる |
| 一六一五 | 元和元 | | 大坂夏の陣、豊臣氏滅亡 |
| 一六二五 | 寛永二 | 『太閤記』に有平糖、ボーロほか南蛮菓子あり | |
| 一六三五 | 十二 | ○後水尾上皇の御所に二口屋、虎屋が菓子を納める | |
| 一六三七〜三八 | | | 島原の乱 |
| 一六三九 | | | ポルトガル船の来航禁止 |
| 一六四一 | | | 平戸オランダ商館を長崎出島に移す（鎖国の状態となる） |
| 一六四三 | 二十 | 『料理物語』に玉子素麺、葛餅ほかの製法あり | |
| 一六四八〜五二 | 慶安年間 | 浅草の鶴屋、米饅頭を売り出す（『骨董集』ほか） | |
| 一六五八〜六一 | 万治年間 | この頃、寒天が発見されたといわれる | |
| 一六八四 | 貞享元 | 『雍州府志』に二口屋、虎屋ほか京都の菓子屋あり | |
| 一六八五 | | | 徳川綱吉、生類憐みの令を発布 |
| 一六九〇 | 元禄三 | 『人倫訓蒙図彙』に菓子師、飴師ほかの絵あり | |
| 一六九二 | 五 | 『買物調方三合集覧』に桔梗屋和泉、松屋山城ほか、江戸の下り京菓子屋あり | |
| 一六九三 | 六 | 『男重宝記』に菓銘約二五〇（絵図付二十四）あり | |
| 一六九五 | 八 | ○虎屋で菓子見本帳「御菓子之畫圖」が作られる（現存最古） | |
| 一六九六 | 九 | 『茶湯献立指南』に茶菓子名多数あり | |
| 一七〇二 | | | 赤穂浪士の討入 |
| 一七〇四 | 十七 | 両国の小松屋、幾世餅を売り出す（『続江戸砂子』） | |
| 一七〇七 | 宝永四 | ○虎屋の菓子見本帳に寒天を使用した菓子「氷室山」 | |

| | | | |
|---|---|---|---|
| | | あり | |
| 一七一二 | 正徳二 | 『和漢三才図会』に饅頭、羊羹ほか菓子解説あり | |
| 一七一六 | | | 徳川吉宗の享保の改革 |
| 一七一八 | 享保三 | 版本としては初の菓子製法書『古今名物御前菓子秘伝抄』刊行 | |
| 一七二〇 | 五 | 『長崎夜話艸』にカステラほか南蛮菓子あり | |
| 一七二七 | 十二 | 徳川吉宗、甘蔗苗の栽培を命じる（『徳川実記』） | |
| 一七六一 | 宝暦十一 | 『古今名物御前菓子図式』刊行 | |
| 一七六三 | 十三 | 『物類品隲』に甘蔗栽培の説明、砂糖製法あり | |
| 一七七二 | | | 田沼意次、老中となる |
| 一七七五 | 安永四 | 京都上菓子屋仲間結成（二四三軒） | |
| 一七八七 | | | 老中松平定信の寛政の改革 |
| 一七八九～一八〇一 | 寛政年間 | この頃、江戸で煉羊羹が売り出される（『北越雪譜』『嬉遊笑覧』ほか）<br>この頃、江戸で大福餅が流行（『宝暦現来集』ほか） | |
| 一八〇五 | 文化二 | 『餅菓子即席手製集』刊行 | |
| 一八一八～三〇 | 文政年間 | この頃、江戸長命寺門前の桜餅が評判を呼ぶ（『兎園小説』ほか） | |
| 一八二四 | 文政七 | 『江戸買物独案内』に一二〇軒の菓子屋あり | |
| 一八三六 | 天保七 | 『浪華家都東』に彩色の菓子絵図多数あり | |
| 一八四〇 | 十一 | 『古今新製菓子大全』刊行 | |
| 一八四一 | 十二 | 『菓子話船橋』刊行 | 老中水野忠邦の天保の改革 |
| 一八五二 | 嘉永五 | 『鼎左秘録』刊行 | |
| 一八五三 | | | ペリー、浦賀に来航 |
| 〃 | | | プチャーチン、長崎に来航 |

| 時代 | 西暦 | 和暦 | 菓子関連事項 | 一般事項 |
|---|---|---|---|---|
| | 一八五六 | | | 米総領事ハリス、下田に着任 |
| | 一八六二 | 文久二 | 『古今新製名菓秘録』刊行 | |
| | 一八六七 | | | 大政奉還 |
| 明治 | 一八六九 | 明治二 | ○虎屋、京都店はそのままに、東京へ出店 | 東京遷都 |
| | 〃 | 〃 | 横浜でアイスクリームが発売される | |
| | 一八七二 | | | 新橋〜横浜間に、初の鉄道開業 |
| | 一八七三 | 六 | 『万宝珍書』に九種類の洋菓子の製法あり | |
| | 一八七四 | 七 | 木村屋、酒種を使ったあんぱんを売り出す | |
| | 一八八九 | | | 大日本帝国憲法発布・東海道線全通 |
| | 一八九四〜九五 | | | 日清戦争 |
| | | | この頃みつ豆ホールが人気となる | |
| | 一九〇四〜〇五 | | | 日露戦争 |
| | 一九一〇 | 四十三 | 『家庭実用百科大苑』に「和菓子」の語あり | |
| | 一九一一 | 四十四 | 第一回帝国菓子飴大品評会（後の全国菓子大博覧会）東京で開催 | |
| 大正 | 一九一四 | 大正三 | 森永、ミルクキャラメル（紙箱入り）発売 | 第一次世界大戦始まる |
| | 一九一八 | 七 | 森永、初の国産チョコレートを発売 | |
| | 一九二三 | | | 関東大震災 |
| | 一九二五 | | | 治安維持法・普通選挙法成立 |
| 昭和 | 一九二九 | | | 世界恐慌始まる |
| | 一九三七 | 昭和十二 | 砂糖ほか原材料の統制が始まる | 日中戦争始まる |
| | 一九四〇 | 十五 | 砂糖が配給制となる | |
| | 一九四一 | | | 太平洋戦争始まる |
| | 一九四五 | | | 太平洋戦争終結 |
| | 一九四六 | | | 日本国憲法公布 |

| 年 | 和暦 | 和菓子関連 | 政治・社会 |
| --- | --- | --- | --- |
| 一九五〇 | 二十五 | 全国和菓子協会設立 | 朝鮮戦争始まる |
| 一九五一 | | | サンフランシスコ平和条約締結 |
| 一九五二 | 二十七 | 砂糖の統制解除 | |
| 一九五三 | | | NHKテレビ放送開始 |
| 一九六四 | | | 東海道新幹線開業・オリンピック東京大会 |
| 一九七〇 | | | 大阪万博開催 |
| 一九七二 | | | 沖縄日本復帰 |
| 一九七三 | 四十八 | ○虎屋文庫創設 | 第一次石油危機（オイルショック） |
| 一九七六 | 五十一 | 「およげ！たいやきくん」ヒットによる鯛焼人気 | |
| 一九七八 | | | 日中平和友好条約調印 |
| 一九七九 | 五十四 | 全国和菓子協会により「和菓子の日」（六月十六日）が制定される | |
| 一九八〇 | 五十五 | ○虎屋、パリに出店 | |
| | | いちご大福がブームとなる | |
| 平成 | | | |
| 一九九〇年代前半 | | | バブル経済崩壊 |
| 一九九五 | | | 阪神淡路大震災 |
| 一九九九 | 平成十一 | 「だんご3兄弟」が大ヒット | |
| 二〇〇五 | 十七 | 寒天ブームがおこる<br>この頃より新感覚の和菓子や和カフェが話題に | 食品関係不祥事続く。食の安全、安心への関心が高まる |
| 二〇〇七 | 十九 | 和菓子作りの技術認定「選・和菓子職」始まる | |
| 二〇一一 | | | 東日本大震災 |
| 二〇一三 | | | 「和食」がユネスコ無形文化遺産に登録 |

※政治・社会の年号は『国史大辞典』に、また、書物の成立年及び刊行年は『国書総目録』に拠った。時代は必ずしも初年に入れている訳ではない。

## 主要参考文献等

『近世菓子製法書集成』全2巻、平凡社、二〇〇三年
『近世風俗志(守貞謾稿)』全五巻、岩波書店、一九九六~二〇〇二年
「尺素往来」(『往来物大系』六巻、大空社、一九九二年)
「庭訓往来」(『往来物大系』七巻、大空社、一九九二年)
『日本の食生活全集』全50巻、農山漁村文化協会、一九八四~九三年
『日本料理秘伝集成』全十九巻、同朋舎出版、一九八五年
赤井達郎『菓子の文化誌』河原書店、二〇〇五年
荒尾美代『南蛮スペイン・ポルトガル料理のふしぎ探検』日本テレビ放送網、一九九二年
亀井千歩子『縁起菓子・祝い菓子』淡交社、二〇〇〇年
亀井千歩子『日本の菓子』東京書籍、一九九六年
関根真隆『奈良朝食生活の研究』吉川弘文館、一九六九年
中村孝也『和菓子の系譜』国書刊行会、一九九〇年
松崎寛雄『饅頭博物誌』東京書房社、一九七三年
青木直己『図説　和菓子の今昔』淡交社、二〇〇〇年
黒川光博『虎屋─和菓子と歩んだ五百年』新潮社、二〇〇五年
中山圭子『事典 和菓子の世界』岩波書店、二〇〇六年
『虎屋の五世紀~伝統と革新の経営~』通史編・史料編、虎屋、二〇〇三年
虎屋文庫編『和菓子』創刊号~第24号、虎屋、一九九四~二〇一七年

## 人物別参考文献等

**紫式部**（16頁）
『河海抄』天理図書館善本叢書和書之部第71巻、天理大学出版部、一九八五年

**吉田兼好**（18頁）
『方丈記　徒然草』日本古典文学大系30、岩波書店、一九五七年

**井原西鶴**（20頁）
『西鶴集』上、日本古典文学大系47、岩波書店、一九五七年

**松尾芭蕉**（22頁）
『芭蕉句集』日本古典文学大系45、岩波書店、一九六二年

**二代目市川団十郎**（24頁）
歌舞伎公演パンフレット『歌舞伎十八番の内　外郎売　天衣紛上野初花　羽根の禿　供奴』国立劇場、一九八九年
深野彰『「ういろう」にみる小田原　早雲公とともに城下町をつくった老舗』新評論、二〇一六年

**近松門左衛門**（26頁）
文楽鑑賞教室パンフレット『五条橋　恋女房染分手綱重の井子別れの段』日本芸術文化振興会・清栄会、二〇〇一年

**鳥居清長**（28頁）
『黄表紙　江戸おもしろお菓子展―干菓子でござる―』展示小冊子、虎屋文庫、二〇〇〇年
『名代干菓子山殿』国立国会図書館デジタルコレクション

**十返舎一九**（30頁）
『東海道中膝栗毛』日本古典文学大系62、岩波書店、一九五八年

**宮沢賢治**（32頁）
宮沢賢治「鹿踊りのはじまり」（『注文の多い料理店』新潮社、一九九〇年）
中野由貴『宮澤賢治のお菓子な国』平凡社、一九九八年

**谷崎潤一郎**（34頁）
谷崎潤一郎『陰翳礼讃』中央公論新社、二〇一五年
夏目漱石『草枕』新潮社、二〇一五年
「向田邦子×鴨下信一対談」（『向田邦子全対談集』文藝春秋、二〇〇一年）

**三島由紀夫**（36頁）
三島由紀夫『春の雪』新潮社、二〇〇二年

**源頼朝**（42頁）
『吾妻鏡』前編、新訂増補国史大系32、吉川弘文館、一九六四年

**道元**（44頁）
大久保道舟編『道元禅師全集』下巻、筑摩書房、一九七〇年

**明智光秀**（46頁）
川端道喜『和菓子の京都』岩波書店、一九九〇年

**荒木村重**（48頁）
瓦田昇『荒木村重研究序説』海鳥社、一九九八年

**伊達政宗**（52頁）
『仙台市史』資料編10・11、仙台市、一九九三年・二〇〇三年
小林清治『伊達政宗』吉川弘文館、一九八五年

**豊臣秀吉**（54頁）
「天正十八年毛利亭御成記」（『続群書類従』第23輯下、続群書類従完成会、一九七九年）
「文禄三年前田亭御成記」（『続群書類従』第22輯、続群書類従完成会、一九五九年）
福田千鶴『豊臣秀頼』吉川弘文館、二〇一四年

**吉良義央**（56頁）
元禄七年（一六九四）「諸方御用之留」虎屋黒川家文書

**尾形光琳**（58頁）
宝永二年（一七〇五）「諸方御用留帳」虎屋黒川家文書

**坂本龍馬**（62頁）
宮地佐一郎『龍馬の手紙』講談社、二〇〇三年
明坂英二『かすてら加寿底良』講談社、二〇〇七年

**高杉晋作**（64頁）
越乃雪本舗大和屋ホームページ　http://www.koshinoyuki-yamatoya.co.jp/

**富岡鉄斎**（66頁）
小高根太郎編『富岡鉄斎』日本美術新報社、一九六一年

**幸田露伴**（70頁）
蝸牛會編纂『露伴全集』第四十巻、岩波書店、一九七九年
小林勇『蝸牛庵訪問記』講談社、一九九一年
金沢復一編『金沢丹後江戸菓子文様』青蛙房、一九六六年（金沢丹後の菓子絵図が収録されている）

**石川啄木**（72頁）
石川啄木「汗に濡れつゝ」（『啄木全集』第四巻評論・感想、筑摩書房、一九六七年）
古川緑波「氷屋ぞめき」（『ロッパの悲食記』筑摩書房、一九六七年）

**武井武雄**（74頁）
イルフ童画館監修『武井武雄の本』別冊太陽、平凡社、二〇一四年
山岸吉郎「日本郷土菓子図譜」（『和菓子』第23号、虎屋、二〇一六年）

**清少納言**（80頁）
『枕草子　紫式部日記』日本古典文学大系19、岩波書店、一九五八年

**和泉式部**（82頁）
「和泉式部集」（『新編国歌大観』第三巻、角川書店、一九八五年）
佐伯梅友ほか『和泉式部集全釋』東宝書房、一九五九年
『枕草子　紫式部日記』日本古典文学大系19、岩波書店、一九五八年
宗懍著・守屋美都雄訳註『荊楚歳時記』平凡社、一九七八年

**日蓮**（84頁）
目黒きよ『日蓮聖人と女人の食供養』講談社出版サービスセンター、一九九八年
佐藤弘夫『日蓮』ミネルヴァ書房、二〇〇三年

**織田信長**（86頁）
松田毅一監訳『十六・七世紀イエズス会日本報告集』第Ⅲ期第3巻、同朋舎、一九九八年

**ケンペル**（88頁）
ケンペル著・斎藤信訳『江戸参府旅行日記』平凡社、一九八二年

**徳川光圀**（92頁）
「年山紀聞」（『日本随筆大成』第二期第16巻、吉川弘文館、一九九五年）
元禄七年（一六九四）「諸方御用之留」虎屋黒川家文書

**申維翰**（94頁）
申維翰著・姜在彦訳注『海游録 朝鮮通信使の日本紀行』平凡社、二〇〇三年
『通文館志　海游録』韓国珍書刊行会、一九〇七年
泉澄一「天龍寺第二百十一世月心性湛和尚について」（『柴田實先生古稀記念日本文化史論叢』柴田實先生古稀記念会、一九七六年）

**頼山陽**（96頁）
徳富猪一郎ほか編『頼山陽書翰集』上・下巻・続巻、一九二七～二九年
花本哲志「頼家の甘味～広島藩儒頼家の家庭生活に見る江戸時代の菓子文化～」（『和菓子』第22号、虎屋、二〇一五年）

**ペリー**（98頁）

東京大学史料編纂所編纂『大日本古文書　幕末外国関係文書之五』東京大学出版会、一九八四年
黒岩比佐子『歴史のかげにグルメあり』文藝春秋、二〇〇八年
金井圓訳『ペリー日本遠征日記』新異国叢書第Ⅱ輯1、雄松堂出版、一九八五年

**ゴンチャローフ**（100頁）

高野明・島田陽訳『ゴンチャローフ日本渡航記』講談社、二〇〇八年
片桐一男「吉田コレクション嘉永六年ロシア使節饗応関係史料」（『和菓子』第14号、虎屋、二〇〇七年）

**川路聖謨**（104頁）

高野明・島田陽訳『ゴンチャローフ日本渡航記』講談社、二〇〇八年
川路聖謨『長崎日記・下田日記』平凡社、一九七九年

**ハリス**（106頁）

坂田精一訳『ハリス日本滞在記』下、岩波書店、一九五四年
東京大学史料編纂所編纂『大日本古文書　幕末外国関係文書之十八』東京大学出版会、一九八五年
『幕末ニッポン』角川春樹事務所、二〇〇七年
＊菓子屋の名前や代金は坂田精一氏の記述によるが、『嘉永明治年間録』には見当たらず、出典不明である。

**岩崎小弥太**（110頁）

赤星平馬「ゴルフ「もなか」談義」（『湘南』27号、湘南カントリークラブ、一九七一年）

**徳川家康**（116頁）
大友一雄「近世の武家儀礼と江戸・江戸城」（『日本史研究』463号、日本史研究会、二〇〇一年）

**山科言経**（120頁）
『大日本古記録　言経卿記』1〜14、岩波書店、一九五九〜九一年

**春日局**（122頁）
「大東婦女貞烈記」（『婦人文庫』婦人文庫刊行会、一九一八年、復刻版）
三田村鳶魚『御殿女中』三田村鳶魚全集第3巻、中央公論社、一九七六年

**徳川綱吉**（124頁）
元禄七年（一六九四）「諸方御用之留」虎屋黒川家文書

**徳川吉宗**（126頁）
根岸鎮衛『耳嚢』岩波書店、一九九一年

**和宮**（128頁）
安政七年（一八六〇）「大内帳」虎屋黒川家文書
『明治天皇紀』第一、吉川弘文館、一九六八年
「基量卿記」（『古事類苑』禮式部一、吉川弘文館、一九六九年）
青木直己「月見の儀について―近世公家社会における行事と菓子の受容に関する一事例―」（『和菓子』創刊号、

虎屋、一九九四年）

**天璋院**（130頁）
永島今四郎・太田贇雄『千代田城大奥』原書房、一九七一年
畑尚子『幕末の大奥　天璋院と薩摩藩』岩波書店、二〇〇七年

**大岡忠相**（136頁）
菊岡沾凉「続江戸砂子温故名跡志」（小池章太郎編『江戸砂子』東京堂出版、一九七六年）
根岸鎮衛『耳嚢』岩波書店、一九九一年

**紀伊国屋文左衛門**（138頁）
「吉原雑話」（『燕石十種』第5巻、中央公論社、一九八〇年）

**笠森お仙**（140頁）
大田南畝「半日閑話」（『日本随筆大成』第一期第8巻、吉川弘文館、一九七五年）

**恋川春町**（142頁）
『黄表紙　洒落本集』日本古典文学大系59、岩波書店、一九五八年

**山東京伝**（144頁）
『米饅頭始　仕懸文庫　昔話稲妻表紙』新日本古典文学大系85、岩波書店、一九九〇年

山東京伝「骨董集」（『日本随筆大成』第一期第15巻、吉川弘文館、一九七六年）
細窪孝『山東京伝 黄表紙の世界「京伝に遊ぶ」』アーバンプロ出版センター、二〇一〇年
喜多村筠庭『嬉遊笑覧』（四）、岩波書店、二〇〇五年

**二代目澤村田之助**（146頁）
廣末保編『鶴屋南北全集』第2巻、三一書房、一九七一年
浅川玉兎『長唄名曲要説』補遺篇、日本音楽社、一九七九年
喜多村筠庭『嬉遊笑覧』（四）、岩波書店、二〇〇五年

**井関隆子**（148頁）
『井関隆子日記』上巻、勉誠社、一九七八年

**三代目中村仲蔵**（150頁）
中村仲蔵『手前味噌　新装版』青蛙房、二〇〇九年
松浦静山『甲子夜話』続編3、平凡社、一九九三年
「（お菓子）串団子はなぜ4玉か?」高尾善希氏ブログより
http://takaoyoshiki.cocolog-nifty.com/edojidai/2005/02/post_1.html

**酒井伴四郎**（152頁）
青木直己『幕末単身赴任　下級武士の食生活』ＮＨＫ出版、二〇〇五年
『酒井伴四郎日記―影印と翻刻』東京都江戸東京博物館、二〇一〇年

**仮名垣魯文**（154頁）
『寃める楽しみ　吉田コレクションに見る和菓子の世界』虎屋、二〇一二年
今村規子「二つの「船橋屋織江」」（『和菓子』第22号、虎屋、二〇一五年）

**淡島寒月**（156頁）
淡島寒月『梵雲庵雑話』平凡社、一九九九年
山口昌男『「敗者」の精神史』上、岩波書店、二〇一三年
木村捨三「續々商牌集　其二」（『集古』癸酉第四号、集古会、一八九六年）

**紀貫之**（160頁）
『土左日記　かげろふ日記　和泉式部日記　更級日記』日本古典文学大系20、岩波書店、一九五七年
目崎徳衛『紀貫之』吉川弘文館、二〇〇八年

**谷宗牧**（162頁）
谷宗牧「東国紀行」（『新校群書類従』第十五巻、内外書籍、一九二九年）

**貝原益軒**（164頁）
中村学園大学　貝原益軒アーカイブ
http://www.nakamura-u.ac.jp/library/kaibara/archive01/

**土御門泰邦**（166頁）
土御門泰邦「東行話説」（『随筆百花苑』第13巻、中央公論社、一九七九年）

**滝沢馬琴**（168頁）
滝沢馬琴「羇旅漫録」（『日本随筆大成』第一期第1巻、吉川弘文館、一九七五年）

**大田南畝**（170頁）
『大田南畝全集』第8巻、岩波書店、一九八六年
沓掛良彦『大田南畝』ミネルヴァ書房、二〇〇七年

**屋代弘賢**（172頁）
山敏治郎ほか編「諸国風俗問状答」（『日本庶民生活史料集成』第9巻風俗、三一書房、一九六九年）

**名越左源太**（174頁）
『南西諸島史料集』第2巻、南方新社、二〇〇八年
今村規子『名越左源太の見た幕末奄美の食と菓子』南方新社、二〇一〇年

**内藤繁子**（176頁）
『延岡藩主夫人内藤充真院繁子道中日記』明治大学博物館、二〇〇四年
青木直己「食の道中記」（『食彩浪漫』第17巻第1号〜第18巻第12号、ＮＨＫ出版、二〇〇七〜〇九年）

**前田利鬯**（178頁）
前田利鬯「御帰県日記」（『加賀市史料』8、加賀市立図書館、一九八八年）

**内田百閒**（180頁）
内田百閒『御馳走帖』中央公論社、一九九四年

**徳川治宝**（184頁）
髙橋克伸・山下奈津子「駿河屋伝来・菓子木型資料等の寄贈経緯について（報告）」（『和歌山市立博物館研究紀要』30号、和歌山市立博物館、二〇一六年）
猪原千恵「江戸時代後期の菓子木型から見た大名家の交流─尾張藩御用と紀州藩御用の菓子木型を中心に─」（『和菓子』第24号、虎屋、二〇一七年）

**近衛内前**（188頁）
『虎屋の五世紀～伝統と革新の経営～』史料編、虎屋、二〇〇三年

**寺島良安**（192頁）
『和漢三才図会』平凡社、一九九一年

**光格天皇**（194頁）
文政十年（一八二七）「修学院御茶屋江仙洞御所御幸ニ付御用留帳」虎屋黒川家文書
藤田覚『幕末の天皇』講談社、二〇一三年

**良寛**（196頁）
谷川敏朗編集『良寛の書簡集』恒文社、一九八八年
**正岡子規**（198頁）
正岡子規『仰臥漫録』岩波書店、二〇一四年
久保田正文『正岡子規』吉川弘文館、二〇〇二年
**夏目漱石**（200頁）
『漱石全集』9・11巻、漱石全集刊行会、一九二四・二五年
**北原白秋**（202頁）
明坂英二『かすてら加寿底良』講談社、二〇〇七年
『白秋全歌集』Ⅰ、岩波書店、一九九〇年
**芥川龍之介**（204頁）
『甘味（お菓子随筆）』双雅房、一九四一年
**寺田寅彦**（206頁）
小宮豊隆編『寺田寅彦随筆集』第一〜五巻、岩波書店、一九九四〜二〇〇三年
**川崎巨泉**（208頁）

大阪府立中之島図書館　人魚洞文庫データベース
http://www.library.pref.osaka.jp/site/oec/ningyodou-index.html

**岩本素白**（210頁）
岩本素白『菓子の譜』（青空文庫　http://www.aozora.gr.jp/）

**深沢七郎**（212頁）
深沢七郎「余禄の人生」「夢屋往来」（『深沢七郎集』第9巻、筑摩書房、一九九七年）
深沢七郎『生きているのはひまつぶし　深沢七郎未発表作品集』光文社、二〇〇五年
「内なる仏（深沢七郎×丹羽文雄）」（『たったそれだけの人生　深沢七郎対談集』集英社、一九七八年）
『深沢七郎生誕一〇〇年記念展　～ラブミー牧場と深沢七郎～』久喜市立菖蒲図書館、二〇一五年

**千利休**（216頁）
「利休百会記」（『茶道古典全集』第六巻、淡交社、一九五八年）
『雍州府志』新修京都叢書10巻、臨川書店、一九九四年
『近世菓子製法書集成』1巻、平凡社、二〇〇三年
「後陽成院様御代より御用諸色書抜留」虎屋黒川家文書

**小堀遠州**（218頁）
鈴木晋一『たべもの東海道』小学館、二〇〇〇年

**近衛家熙**（220頁）
「槐記」下（『史料大観』記録部二十三、哲学書院、一九〇〇年）
『御茶湯之記』茶湯古典叢書六、思文閣出版、二〇一四年

**井伊直弼**（222頁）
河原正彦『井伊家の茶道具』平凡社、一九八五年

**岩原謙庵**（224頁）
野崎幻庵『茶会漫録』第一集・第三集、中外商業新報社、一九一二年
高橋箒庵『昭和茶道記』二、淡交社、二〇〇二年

**益田鈍翁**（226頁）
高橋義雄『萬象録　高橋箒庵日記』巻七、思文閣出版、一九九〇年
高橋箒庵『大正茶道記』一、淡交社、一九九一年
野崎幻庵『茶会漫録』第八集、中外商業新報社、一九二五年

**原三溪**（228頁）
高橋箒庵『昭和茶道記』二、淡交社、二〇〇二年
新井恵美子『原三溪物語』神奈川新聞社、二〇〇三年
谷川徹三『茶の美学』淡交社、一九七七年

**松永耳庵**（230頁）
松永安左エ門『松永安左エ門著作集』第5巻、五月書房、一九八三年
白崎秀雄『耳庵松永安左エ門』上・下巻、新潮社、一九九〇年

**樋口一葉**（236頁）
『樋口一葉』ちくま日本文学全集41、筑摩書房、一九九二年

**小金井喜美子**（238頁）
小金井喜美子『鷗外の思い出』岩波書店、一九九九年

**モース**（240頁）
エドワード・モース『日本その日その日』平凡社、一九八〇年

**鏑木清方**（242頁）
鏑木清方『こしかたの記』中央公論新社、二〇〇八年

**森鷗外**（244頁）
森茉莉「鷗外の味覚」（『記憶の絵』筑摩書房、一九九二年）
森茉莉『貧乏サヴァラン』筑摩書房、一九九八年
小堀杏奴『晩年の父』筑摩書房、一九九二年

**牧野富太郎**（246頁）
牧野富太郎『牧野植物随筆』講談社、二〇〇二年

**室生犀星**（248頁）
室生犀星「寒蝉亭雑記　金沢」（『加賀金沢・故郷を辞す』講談社、一九九三年）
室生犀星「幼年時代」（『或る少女の死まで　他二編』岩波書店、二〇〇三年）

**中勘助**（250頁）
中勘助『銀の匙』岩波書店、一九九九年

**斎藤松洲**（252頁）
「目食帖」江戸東京博物館ホームページ　http://edo-tokyo-museum.or.jp/
斎鹿逸郎編『目食帖』学生社、一九九〇年
『日本経済新聞』一九八九年六月二十二日朝刊

**正岡容**（254頁）
正岡容「ただ新粉」（『東京恋慕帖』筑摩書房、二〇〇四年）
仲田定之助『明治商売往来』筑摩書房、二〇〇三年
『菓子新報』第31号、一九〇八年
多田錠太郎・安藤直方『実業の栞』文禄堂、一九〇四年

**前川千帆**（256頁）
前川千帆『偲糖帖』一九四五年

**森茉莉**（260頁）
森茉莉『貧乏サヴァラン』筑摩書房、一九九八年

**コラム　江戸時代のレシピ本　菓子製法書の世界**（182頁）
『日本料理秘伝集成』第十六巻、同朋舎出版、一九八五年
『近世菓子製法書集成』全2巻、平凡社、二〇〇三年
鈴木晋一現代語訳ほか『御前菓子をつくろう』ニュートンプレス、二〇〇三年
クックパッド江戸ご飯のキッチン　https://cookpad.com/kitchen/14604664

**コラム　山吹色の菓子**（191頁）
東京帝国大学史談会編『旧事諮問録』青蛙房、一九六四年
高橋多一郎『遠近橋』国書刊行会、一九一二年
畑尚子「姉小路と徳川斉昭　内願の構図について」（『茨城県史研究』94号、茨城県教育委員会、二〇一〇年）

**コラム　菓子木型**（214頁）
徳力彦之助『落雁』三彩社、一九六七年
岩井宏實「民具から見た菓子と道具」（『和菓子』第15号、虎屋、二〇〇八年）

# 協力者一覧

本書の発行にあたり、左記の機関・個人の方々よりご協力を賜りました。記して謝意を表します。

（団体名・個人名　五十音順・敬称略）

芦屋市谷崎潤一郎記念館
奄美市立奄美博物館
壱岐市松永記念館
石川啄木記念館
石橋屋
いせ辰
茨城県立歴史館
株式会社ういろう
青梅きもの博物館
大阪城天守閣
大阪府立中之島図書館
神奈川県立金沢文庫
國よし
慶龍寺
華蔵寺
廣榮堂
高知県立坂本龍馬記念館
高知県立牧野植物園
神戸市立博物館
国立国会図書館
越乃雪本舗大和屋
斎宮歴史博物館
三溪園
時雨殿

渋沢史料館
尚古集成館
青蛙房
総本家駿河屋
たばこと塩の博物館
長興寺
津和野町森鷗外記念館
天理大学附属天理図書館
東京国立博物館
東京大学史料編纂所
東京都江戸東京博物館
徳川美術館
内閣文庫
二玄社

日本菓子専門学校
日本近代文学館
延岡市内藤記念館
彦根　清涼寺
深沢七郎文学記念館
三菱史料館
港区立港郷土資料館
室生犀星記念館
大和文華館
吉田コレクション
和歌山市立博物館
早稲田大学坪内博士記念演劇博物館
早稲田大学図書館

飯田利彦
市川信也
猪原千恵
外郎武
f.c
木村元蔵
佐藤哲郎
谷田有史
花本哲志
福留千夏
宮代邦彦
森田ミホ
吉田隆一

# あとがき

誰にでも思い出に残る和菓子があるのではないでしょうか。冠婚葬祭の引出物、年中行事の定番品、日々のおやつなど、和菓子は人々の暮しに寄り添い、生活を豊かにしてくれるもの。和菓子なしの人生なんてありえない……と思います。そう考えると「和菓子を愛した人たち」の数は無限といってよく、ホームページの連載は今後も長く続くことでしょう。

振り返ってみると、連載や展示を通していろいろなことがありました。「尾形光琳と色木の実・友千鳥」「樋口一葉と汁粉」などがテレビ番組や書籍、雑誌、インターネット上に紹介されたり、お客様から「歴史上の人物と和菓子」を読んでいますよと、声をかけていただいたり。地道にこつこつと連載を続けてきましたが、平成十八年(二〇〇六)十二月五日に朝日新聞の「天声人語」でホームページの内容を中心に虎屋文庫の活動を取り上げていただいたことは、励みにもなった懐かしい思い出です。

また、意外なエピソードや史料を教えていただいたこともありました。ハリスが感動した菓子はその一例で、平成二十年、たばこと塩の博物館の学芸員の方のご教示によるもの。菓銘を調べ、菓子を福留千夏氏に樹脂粘土で再現してもらい、同館の展示でご紹介したのが最初です。この模型は大変好評で、江戸東京博物館や名古屋ボストン美術館でのハリス関係の展示にも出品されました。そして頼山陽の逸話は、平成二十五年の広島での全国菓子大博覧会開催にあわせて展示会の企画をされた、頼山陽史跡資料館の学芸員の方が、虎屋文庫に問い合わせをしてくださったことからわかったものです。いろいろなご縁ができ、こうして本の刊行につながりましたことを感謝しております。読者の皆様も何か情報をおもちでしたら、お寄せいただけますと幸いです。

最後になりましたが、本書の刊行にあたって、和菓子業界、関係機関の皆様に多大なご協力、ご教示を賜りました。288頁にお名前を記し、謝意を表したく思います。また、素敵な装幀を手がけてくださった、デザイン倶楽部の木下勝弘様、編集にあたってくださった山川出版社の酒井直行様、制作の新保惠一郎様、花田雅春様に心より御礼申し上げます。

二〇一七年五月　　虎屋文庫

# 索引（人物）

【さ】



【た】

## 索引（菓子関係）

## 虎屋文庫の紹介

虎屋は室町時代後期に京都で創業し、後陽成《ごようぜい》天皇御在位中（一五八六〜一六一一）より、禁裏（皇室）の菓子御用を勤め、今に至っています。慶長五年（一六〇〇）関ヶ原の戦の際に、「市豪虎屋」が西軍の武将、石河備前守光吉《いしこびぜんのかみみつよし》をかくまったことが、京都妙心寺の『正法山誌《しょうぼうさんし》』からわかります。当時の主人黒川円仲《くろかわえんちゅう》を中興の祖とし、当主は十七代目にあたります。明治二年（一八六九）の東京遷都の際に、明治天皇にお供して、京都店はそのままに東京店を開設しました。昭和五十五年（一九八〇）にはパリに店舗を開設し、和菓子を通じた日本文化の紹介と相互交流を目指しています。

虎屋文庫は、昭和四十八年に創設された虎屋の菓子資料室で、虎屋歴代の古文書や古器物を収蔵するほか、和菓子に関する資料収集、調査研究を行い、年に一回の機関誌『和菓子』の発行や、展示開催などを通して、和菓子情報を発信しています。資料の閲覧機能はありませんが、お客様からのご質問にはできるだけお応えしていますので、どうぞお気軽にお問い合わせください。

**【お問い合わせ】**

〒一〇七‐八四〇一　東京都港区赤坂四‐九‐二十二
Tel：〇三（三四〇八）二四〇二
（土・日・祝をのぞく九時～十七時半）
Fax：〇三（三四〇八）四五六一
E-mail：bunko@toraya-group.co.jp
URL：https://www.toraya-group.co.jp/

# 和菓子《わがし》を愛《あい》した人《ひと》たち

二〇一七年　五月三十一日　第一版第一刷発行
二〇一七年　六月二十五日　第一版第二刷発行

編著者　虎屋文庫《とらやぶんこ》
発行者　野澤伸平
発行所　株式会社　山川出版社
東京都千代田区内神田一─一三─一三
〒一〇一─〇〇四七
電話　〇三(三二九三)八一三一(営業)
〇三(三二九三)一八〇二(編集)
振替〇〇一二〇─九─四三九九三
企画・編集　山川図書出版株式会社
印刷所　半七写真印刷工業株式会社
製本所　株式会社ブロケード
装幀　木下勝弘（株式会社デザイン倶楽部）


ISBN 978-4-634-15104-8